AF904917

UNTERSUCHUNGEN ÜBER DEN OPTISCH-PHYSIOLOGISCHEN EINDRUCK DER OBERFLÄCHENSTRUKTUR VON LACKFILMEN

VON DER FAKULTÄT KONSTRUKTIONS-
UND FERTIGUNGSTECHNIK
DER UNIVERSITÄT STUTTGART ZUR ERLANGUNG
DER WÜRDE EINES DOKTOR-INGENIEURS
(DR.-ING.) GENEHMIGTE ABHANDLUNG

VORGELEGT VON

DIPL.-PHYS. HORST SCHENE
AUS SINDELFINGEN

HAUPTBERICHTER: PROF. DR.-ING. H.-J. WARNECKE
MITBERICHTER: PROF. DR.RER.NAT. L. DULOG

TAG DER EINREICHUNG: 11. APRIL 1989
TAG DER MÜNDLICHEN PRÜFUNG: 13. OKTOBER 1989

Horst Schene

Untersuchungen über den optisch-physiologischen Eindruck der Oberflächenstruktur von Lackfilmen

Mit 106 Abbildungen

Springer-Verlag
Berlin Heidelberg New York
London Paris Tokyo Hong Kong 1990

Dipl.-Phys. Horst Schene

Mercedes-Benz AG, Werk Sindelfingen

Prof. Dr.-Ing. Dr. h. c. Dr.-Ing. E.h H. J. Warnecke

o. Professor an der Universität Stuttgart
Fraunhofer-Institut für Produktionstechnik und Automatisierung (IPA), Stuttgart

Prof. Dr.-Ing. habil. H.-J. Bullinger

o. Professor an der Universität Stuttgart
Fraunhofer-Institut für Arbeitswirtschaft und Organisation (IAO), Stuttgart

D 93

ISBN-13: 978-3-540-52226-3 e-ISBN-13: 978-3-642-47940-3
DOI: 10.1007/978-3-642-47940-3

Gesamtherstellung: Copydruck GmbH, Heimsheim
2362/3020—543210

Geleitwort der Herausgeber

Futuristische Bilder werden heute entworfen:

- o Roboter bauen Roboter,
- o Breitbandinformationssysteme transferieren riesige Datenmengen in Sekunden um die ganze Welt.

Von der "menschenleeren Fabrik" wird da gesprochen und vom "papierlosen Büro". Wörtlich genommen muß man beides als Utopie bezeichnen, aber der Entwicklungstrend geht sicher zur "automatischen Fertigung" und zum "rechnerunterstützten Büro". Forschung bedarf der Perspektive, Forschung benötigt aber auch die Rückkopplung zur Praxis - insbesondere im Bereich der Produktionstechnik und der Arbeitswissenschaft.

Für eine Industriegesellschaft hat die Produktionstechnik eine Schlüsselstellung. Mechanisierung und Automatisierung haben es uns in den letzten Jahren erlaubt, die Produktivität unserer Wirtschaft ständig zu verbessern. In der Vergangenheit stand dabei die Leistungssteigerung einzelner Maschinen und Verfahren im Vordergrund. Heute wissen wir, daß wir das Zusammenspiel der verschiedenen Unternehmensbereiche stärker beachten müssen. In der Fertigung selbst konzipieren wir flexible Fertigungssysteme, die viele verkettete Einzelmaschinen beinhalten. Dort, wo es Produkt und Produktionsprogramm zulassen, denken wir intensiv über die Verknüpfung von Konstruktion, Arbeitsvorbereitung, Fertigung und Qualitätskontrolle nach. Rechnerunterstützte Informationssysteme helfen dabei und sollen zum CIM (Computer Integrated Manufacturing) führen und CAD (Computer Aided Design) und CAM (Computer Aided Manufacturing) vereinen. Auch die Büroarbeit wird neu durchdacht und mit Hilfe vernetzter Computersysteme teilweise automatisiert und mit den anderen Unternehmensfunktionen verbunden. Information ist zu einem Produktionsfaktor geworden, und die Art und Weise, wie man damit umgeht, wird mit über den Unternehmenserfolg entscheiden.

Der Erfolg in unseren Unternehmen hängt auch in der Zukunft entscheidend von den dort arbeitenden Menschen ab. Rationalisierung und Automatisierung müssen deshalb im Zusammenhang mit Fragen der Arbeitsgestaltung betrieben werden, unter Berücksichtigung der Bedürfnisse der Mitarbeiter und unter Beachtung der erforderlichen Qualifikationen. Investitionen in Maschinen und Anlagen müssen deshalb in der Produktion wie im Büro durch Investitionen in die Qualifikation der Mitarbeiter begleitet werden. Bereits im Planungsstadium müssen Technik, Organisation und Soziales integrativ betrachtet und mit gleichrangigen Gestaltungszielen belegt werden.

Von wissenschaftlicher Seite muß dieses Bemühen durch die Entwicklung von Methoden und Vorgehensweisen zur systematischen Analyse und Verbesserung des Systems Produktionsbetrieb einschließlich der erforderlichen Dienstleistungsfunktionen unterstützt werden. Die Ingenieure sind hier gefordert, in enger Zusammenarbeit mit anderen Disziplinen, z. B. der Informatik, der Wirtschaftswissenschaften und der Arbeitswissenschaft, Lösungen zu erarbeiten, die den veränderten Randbedingungen Rechnung tragen.

Beispielhaft sei hier an den großen Bereich der Informationsverarbeitung im Betrieb erinnert, der von der Angebotserstellung über Konstruktion und Arbeitsvorbereitung, bis hin zur Fertigungssteuerung und Qualitätskontrolle reicht. Beim Materialfluß geht es um die richtige Auswahl und den Einsatz von Fördermitteln sowie Anordnung und Ausstattung von Lagern. Große Aufmerksamkeit wird in nächster Zukunft auch der weiteren Automatisierung der Handhabung von Werkstücken und Werkzeugen sowie der Montage von Produkten geschenkt werden.

Von der Forschung muß in diesem Zusammenhang ein Beitrag zum Einsatz fortschrittlicher intelligenter Computersysteme erfolgen. Planungsprozesse müssen durch Softwaresysteme unterstützt und Arbeitsbedingungen wissenschaftlich analysiert und neu gestaltet werden.

Die von den Herausgebern geleiteten Institute, das

- Institut für Industrielle Fertigung und Fabrikbetrieb der Universität Stuttgart (IFF),

- Fraunhofer-Institut für Produktionstechnik und Automatisierung (IPA),

- Fraunhofer-Institut für Arbeitswirtschaft und Organisation (IAO)

arbeiten in grundlegender und angewandter Forschung intensiv an den oben aufgezeigten Entwicklungen mit. Die Ausstattung der Labors und die Qualifikation der Mitarbeiter haben bereits in der Vergangenheit zu Forschungsergebnissen geführt, die für die Praxis von großem Wert waren. Zur Umsetzung gewonnener Erkenntnisse wird die Schriftenreihe "IPA-IAO - Forschung und Praxis" herausgegeben. Der vorliegende Band setzt diese Reihe fort. Eine Übersicht über bisher erschienene Titel wird am Schluß dieses Buches gegeben.

Dem Verfasser sei für die geleistete Arbeit gedankt, dem Springer-Verlag für die Aufnahme dieser Schriftenreihe in seine Angebotspalette und der Druckerei für saubere und zügige Ausführung. Möge das Buch von der Fachwelt gut aufgenommen werden.

H. J. Warnecke · H.-J. Bullinger

Vorwort

Das Problem Struktur einer lackierten Oberfläche beschäftigt wohl jeden, der im Beruf mit Lackiertechnik zu tun hat. Als Techniker suchen wir nach Maßzahlen, um die Phänomene richtig einordnen und beschreiben zu können. Dies gilt auch für die Struktur. Es wurden viele Möglichkeiten zur Strukturmessung vorgeschlagen, die alle nicht gänzlich befriedigen. Bei näherer Beschäftigung mit dem Problem wurde mir klar, daß dies auch gar nicht sein konnte. Wir glauben zwar die Struktur in Form eines Gebirges zu sehen, können dies aber auf Grund unseres ungenügend scharfen stereoskopischen Sehens gar nicht. Hierzu muß man sich vergegenwärtigen, daß die Steigungen in der Lackfilmstruktur im Bereich 0,05 mm bis 3 mm pro Meter liegen. Es ist erstaunlich, daß solch geringe Steigungen überhaupt wahrgenommen werden können. Dies ist nur durch eine besondere Verrechnung der Lichtreize in den Nervenzellen zu erklären. Was wir in Wirklichkeit sehen, ist ein Hell-Dunkel-Muster, das sich auf der Retina abzeichnet und in den Nervenzellen weiterverarbeitet wird. Daß wir dieses Hell-Dunkel-Muster dann als Gebirge empfinden liegt in der Evolution unseres Gehirnes begründet. In der Natur signalisieren solche Muster immer räumliche Gebilde. Es ist uns evolutionär eingeprägt, diese Muster als räumliche Strukturen zu interpretieren, genau so wie wir den Raum nur dreidimensional empfinden können.

Um den Vorgang der Strukturempfindung verstehen zu können, muß daher die Abbildung dieses Hell-Dunkel-Musters auf der Retina und die Verarbeitung der Signale der lichtempfindlichen Rezeptoren in den Nervenzellschichten der Retina und des Gehirns studiert werden. Die physiologische Optik hat in den letzten Jahrzehnten bedeutende Fortschritte gemacht, so daß Aussicht bestand, ein solches Unterfangen durchzuführen.

Die Überlegungen hierzu waren eine angenehme und interessante Feierabendarbeit, zogen sich aber naturgemäß über einige Jahre hinweg. Meiner Familie habe ich zu danken, daß sie Verständnis für meine häufige "geistige" Abwesenheit aufbrachte.

Die enge berufliche Zusammenarbeit mit dem Frauenhofer-Institut für Produktionstechnik und Automatisierung (IPA), Stuttgart und dem Forschungsinstitut für Pigmente und Lacke, Stuttgart, gaben mir wesentliche Impulse. Den Leitern dieser Institute, Herrn Professor Dr.Ing. H.J. Warnecke und Herrn Professor Dr. rer.nat. L. Dulog habe ich daher an erster Stelle zu danken.

Ich hätte die Arbeit aber wohl nicht zu Ende führen können, hätten mich nicht viele Kollegen unterstützt. So gilt mein Dank den Herren Dr. Schwarzer und Dr. Müller für manchen anregenden Gedankenaustausch, Herrn Dipl.Ing. Frenzen für die Aufstellung des Rechnerprogramms, und in besonderem Maße Herrn Dr. Zwick für die Unterstützung bei der Durchführung der Messungen, wobei auch Herr cand. phys. Kaufmann wertvolle Hilfe leistete. Nicht vergessen möchte ich die 30 Probanden, die durch ihre Urteile erst den Vergleich zwischen Theorie und Praxis der Strukturempfindung ermöglichten.

Besonderen Dank schulde ich Frau Nießen für die sorgfältige Anfertigung des Manuskripts, Herrn Zimmermann für die Reinzeichnungen der Abbildungen und Frau Fiebich für mannigfache Unterstützung.

Ich hoffe, daß diese Arbeit einen Beitrag leistet zum besseren Verständnis des Phänomens der Oberflächenstruktur von Lackierungen. Damit wäre das Anliegen der Arbeit erfüllt.

Sindelfingen, 1989 Horst Schene

Inhaltsverzeichnis **Seite**

Seite

Seite

Formelzeichen

Zeichen	Einheit	Bedeutung
A (i)	μm	Amplitude der Feinstruktur im Punkt i
a	m	Abstand Augenlinse zu lackierter Probe
b	μm	Abstand der Bildpunkte auf der Retina
$c, c_1, c_2 \ldots$	-	Proportionalitätsfaktoren
d	m	Durchmesser der Halbkugel zur Berechnung der Intensitäten von Reflexion und Remission
E	Lux	Beleuchtungsstärke
E_L	Lux	Beleuchtungsstärke der im Spiegelbild betrachteten Lampe
E_Z	Lux	Beleuchtungsstärke der Zusatzbeleuchtung
$\bar{F}$	-	Vorderer Brennpunkt
F'	-	Hinterer Brennpunkt
F_{Fein}	-	Fourierspektrum der Feinstruktur
F_{Grob}	-	Fourierspektrum der Grobstruktur
$\bar{f}$, f'	m	Brennweite

f_K	-	vom Beobachter abhängiger Faktor
$f\ (S_F)$	-	Funktion der Oberflächenstruktur
H	-	Häufigkeit
H_R	-	Reizhöhe
I	cd	Lichtstärke
J	-	Lichtintensität unbewertet (Relativmaß)
J_R	-	Intensität der Remission
J_S	-	Intensität der Reflexion
J_{St}	-	auf einen Rezeptor fallende Lichtintensität
K	-	Kontrast
K_n	-	Knotenpunkt
K_s	-	Schwellenkontrast
k	-	Korrekturfaktor
L^*, a^*, b^*	-	Farbkoordinaten im CIELAB-System
L	cd/m^2	Leuchtdichte
L_F	cd/m^2	Leuchtdichte Zeichen
L_U	cd/m^2	Leuchtdichte Umgebung
L_L	cd/m^2	Leuchtdichte im Spiegelbild der Lampe

L_Z	cd/m²	Leuchtdichte durch Zusatzbeleuchtung
l	m	Bogenlänge
MÜF	-	Modulationsübertragungsfunktion
N	-	Beobachternote
N_B	-	korrigierte Beobachternote
n	-	Brechungsindex
O	m²	Oberfläche
p	-	statistische Abweichung vom Mittelwert
R_R	-	Remissionsvermögen
R_S	-	Reflexionsvermögen
r	m	Radius
S	-	Empfindungsstärke der Lackstruktur
S_o	-	Empfindungsstärke der Lackstruktur ohne Zusatzbeleuchtung
$S_L(\lambda)$	-	normiertes Spektrum der Lichtquelle
$S_Z(\lambda)$	-	normiertes Spektrum der Zusatzbeleuchtung
(s-St)	µm/mm	Standardabweichung der Verteilung der Steigungen in der Grobstruktur

U	-	Unterschiedsempfindlichkeit
u	mm^{-1}	Ortsfrequenz
$V(\lambda)$	-	spektraler Hellempfindlichkeitsgrad für Tagsehen
$V'(\lambda)$	-	spektraler Hellempfindlichkeitsgrad für Nachtsehen
v	Grad/sec	Winkelgeschwindigkeit
w	-	Wahrscheinlichkeit
Δx	μm	Abstand der Punkte i der Amplituden der Feinstruktur
Δz	μm	Diskretisierung der Retina
α	Grad	Reflexionswinkel
β	Grad	Winkel
γ	Grad	Winkel des Spiegelelements der Oberfläche
δ	Grad	Winkel
ϵ	Grad	Winkel
κ	-	Korrelationskoeffizient
λ	nm	Lichtwellenlänge
λ_{Gr}	mm	Grenzwellenlänge der Struktur

λ_s	mm	Strukturwellenlänge
ν	-	Abbé'sche Zahl zur Charakterisierung lichtbrechender Medien
ρ		Raumwinkel
σ	-	Standardabweichung der Streukeule
Ω	Grad	Reflexionswinkel

1. Einleitung

Die Schönheit einer Lackierung hängt nicht nur von Farbe und Glanz, sondern auch von der Glätte der Oberfläche ab. Ist die Welligkeit zu stark, man spricht in diesem Zusammenhang dann oft von Orangenschalenstruktur, so löst sich unter bestimmten Beleuchtungsbedingungen die sonst gleichmäßig leuchtende Fläche in dunklere und hellere Flecke auf, die Konturen eines Spiegelbildes verzerren sich.

Ein solches Erscheinungsbild wird allgemein als unschön empfunden. Eine möglichst glatte Oberfläche ist daher ein Verkaufsargument und wird vom Kunden von einer erstklassigen Lackierung, z.B. eines Autos, vorausgesetzt. Vom Lack wird daher ein sogenannter guter Verlauf gefordert.

In der industriellen Lackiertechnik wird Decklack fast immer durch Spritzlackierung, sei es mit pneumatischer Zerstäubung oder mit einem elektrostatischen Verfahren aufgebracht. Die durch die Zerstäubung erzeugten Lacktröpfchen verfließen auf der zu lackierenden Oberfläche zu einer geschlossenen Schicht.

Diese Schicht besitzt anfänglich eine starke Welligkeit oder Struktur. Durch die Oberflächenspannung tritt dann eine Glättung ein - der sog. Verlauf des Lackes - die aber wegen der schnell ansteigenden Viskosität bald zum Stillstand kommt. Es bleibt immer eine mehr oder weniger starke Struktur bestehen; die Herstellung einer völlig ebenen Lackoberfläche im Spritzverfahren ist unmöglich.

Für die Praxis muß daher eine Grenze für die noch tolerable Struktur festgelegt werden. Dies wird oft mittels Vergleichsmuster durchgeführt, ist aber unbefriedigend. Es wurden daher mehrere Möglichkeiten untersucht, der Struktur der Lackoberfläche eine Maßzahl zuzuordnen, also einen Strukturmaßstab zu finden.

Hierzu wurden mechanische und optische Verfahren entwickelt. Die mechanischen Verfahren, z.B. Rauheitsmessungen mit dem Tastschnittgerät, führen nicht zum Ziel, weil der optische Eindruck der Struktur sehr stark vom Glanz der Lackoberfläche abhängt. Dieser bleibt bei den mechanischen Messungen aber außer Betracht. Die optischen Messungen, z.B. mit dem Goniophotometer, brachten nur eine angenäherte Übereinstimmung mit dem vom Menschen empfundenen Struktureindruck.

Eine allen Ansprüchen genügende Meßmethode existiert bislang nicht. Die vorliegende Arbeit geht von der Überlegung aus, daß bei allen bekannten Methoden die Wirkungsweise des menschlichen Auges und die Verarbeitung der Lichtreize im Gehirn nicht berücksichtigt wurden. Die Arbeit hat sich daher zum Ziel gesetzt, die optische Abbildung der Oberflächenstruktur auf der Retina des Auges sowie seine Verarbeitung zu erfassen und eine entsprechende Modellvorstellung zu entwickeln. Ausgehend von der Topografie der Oberfläche wird ein Modell entwickelt, das zu Maßzahlen für die vom Menschen empfundene Struktur führt. Diese so errechneten Maßzahlen werden mit Beobachtungen und Eingruppierungen unterschiedlicher Strukturen durch ein Kollektiv von Prüfern verglichen.

In dem Modell werden weiterhin der Einfluß des Glanzes der Lackoberfläche und der Intensität der Allgemeinbeleuchtung untersucht. Die Abhängigkeiten werden in ihrer Größe berechnet beziehungsweise wieder von einem Kollektiv von Beobachtern beurteilt. Dabei ergeben sich Zusammenhänge der Strukturempfindung mit dem Sehvermögen der Augen des jeweiligen Beobachters.

So soll dieses Modell der Entstehung der Strukturempfindung einen Beitrag zum Verständnis dieses interessanten optisch-physiologischen Phänomens liefern.

Um die Arbeit leichter lesbar zu machen, werden die für den vorliegenden Zweck wichtigen optischen und physiologischen Grundbegriffe in den Kapiteln 4 und 5 erläutert. Dem Leser wird damit das mühsame Nachschlagen in der Fachliteratur erspart, wobei jedoch die Quellen jeweils angegeben sind.

2. Bisherige Arbeiten

Die Beurteilung der Struktur einer Lackoberfläche kann nach Zorll [1] auf zwei verschiedene Arten erfolgen. Ein Beobachtertyp bewertet analysierend die Bildschärfe eines Spiegelbildes, z.B. eines Fensterkreuzes, während der andere Beobachtertyp integrierend die Intensitätsverteilung in der beleuchteten Lackoberfläche bewertet.

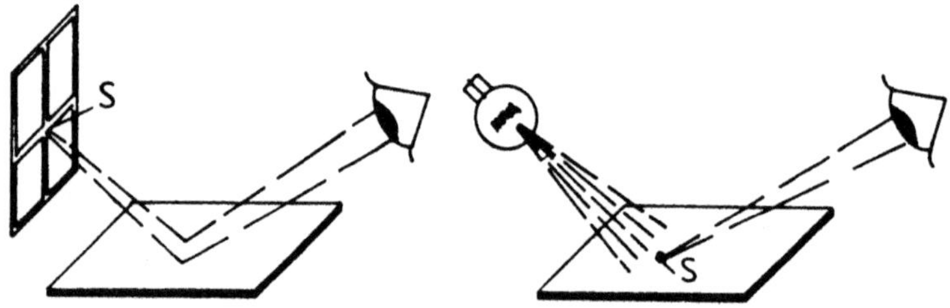

Abb. 2.1 a

Analysierende Beobachtung = Bildschärfe bewertend

Abb. 2.1 b

Integrierende Beobachtung = Intensität bewertend

S = vom Auge anvisierter Punkt

Meßtechnisch ist bisher in erster Linie die integrierende Bewertung verwendet worden.
Da die Rauhigkeit der Filmoberfläche den Glanzeindruck verändern kann, beschäftigt sich eine Vielzahl von Arbeiten mit dem Zusammenhang von Glanz und Oberflächen-

struktur, wie er sich bei Messungen mit dem Goniophotometer ergibt [2 - 9]. Die Arbeiten lassen erkennen, daß aus den Goniophotometerkurven verschieden rauher Oberflächen gewisse Anhaltspunkte für die Größe der Oberflächenstruktur gewonnen werden können, sich jedoch kein eindeutiges Maß für die Struktur ableiten läßt. Ladstädter und Geßner [4] definieren in der Remissionskurve zwei Meßwinkel α und β in verschiedenem Abstand vom Reflexionsmaximum. (Abb. 2.2). Makroskopische Unebenheiten der Lackoberfläche wirken sich in einer Erhöhung der Intensität im Punkt α aus, während mikroskopische Störungen wie z.B. Glanzschleier zu einer Intensitätserhöhung im Punkt β führen.

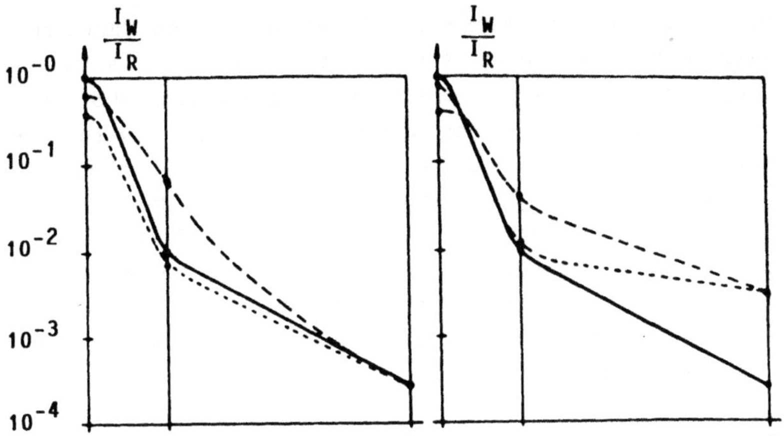

Abb. 2.2 Remissionskurve I_W/I_R

in Abhängigkeit des Winkels

R = Winkel des Reflexionsmaximums

I_R = Intensität im Reflexionsmaximum

I_W = Intensität beim Winkel W

Der Zusammenhang zwischen der Höhe der Remissionskurve im Punkt α und den makroskopischen Unebenheiten der Lackoberfläche ist nicht so eindeutig, daß sich daraus ein Maß ableiten ließe.

Eine andere Methode, Oberflächenstrukturen sichtbar zu machen und zu vermessen, ist durch die Schlierenoptik gegeben. Freier [10] beschreibt eine Apparatur, mit der nach dem Prinzip der Schlierenoptik nach Toepler Oberflächenstrukturen sichtbar gemacht werden können.

Howell [11] wertet schlierenoptische Aufnahmen aus und gibt eine Methode zur quantitativen Messung des Verlaufs an. Die Werte geben die Topografie der Lackoberfläche wieder, wie dies auch bei Tastschnittmessungen geschieht, aber nicht den optischen Eindruck, den das menschliche Auge empfindet.

Bei einem von der Firma Toyota vorgestellten Verfahren [12] wird ein bewegliches Linienraster auf die Lackoberfläche projiziert. Je stärker die Struktur der Oberfläche ist, um so stärker wird das Raster verzerrt und um so verschwommener werden die Ränder. Durch eine Fotozelle wird der rückgestreute Lichtstrahl abgetastet und aus den elektrischen Signalen ein Maß für die Struktur der Oberfläche abgeleitet. Es wurde gute Übereinstimmung zwischen den Meßergebnissen und der Beurteilung durch 6 Personen festgestellt. Diese Messung scheint den physiologischen Eindruck der Struktur wiederzugeben, der Zusammenhang ist jedoch nicht klar.

Dreybrodt und Neunzig [13] haben ein optisches Verfahren beschrieben, mit dem die Struktur von Lackoberflächen in recht guter Übereinstimmung mit dem menschlichen Struktureindruck bestimmt werden kann. Die Lackfläche wird mit einer durch eine 100 W-Halogenlampe und eine Lochblende von 1 mm Durchmesser realisierten Punktquelle im Abstand von 1 m beleuchtet. Die Helligkeitsverteilung im reflektierten Bündel wird durch einen Fototransistor mit einem Querschnitt seiner lichtempfindlichen Fläche von 2 mm abgetastet, indem die Lackfläche mit konstanter Geschwindigkeit bewegt wird und dadurch das Lichtfeld über den feststehenden Fototransistor hinweggeschoben wird. Der Fototransistor war dabei in einer Entfernung von 25 cm von der Lackfläche angebracht. Die Helligkeitsschwankungen im reflektierten Bündel sind umso größer, je größer die Struktur der Lackoberfläche ist. Der Fototransistor wandelt die Lichtintensitäten in elektrische Spannungen um. Die so erhaltenen Signale lassen sich zu Qualitätskennzahlen verarbeiten. Dreybrodt und Neunzig verwenden hierzu die Größe

$$Q = \sigma_u^2 / \langle u \rangle^2$$

Dabei ist $\langle u \rangle$ der Mittelwert der Spannung und σ_u^2 ihre Varianz.

Diese Methode könnte den Vorteil haben, daß der Einfluß des Glanzes der Lackoberfläche in das Meßergebnis eingeht. Je niedriger der Glanz, umso kleiner werden die Helligkeitsschwankungen im reflektierten Lichtbündel, da durch die Mikrostreuung die Intensitäten verwischt werden. Dies gilt jedoch nur, wenn die Fläche des Fototransistors klein genug ist, um die Intensitätsunterschiede der Mikrostreuung aufzulösen. Inwieweit die Qualitätskennzahlen den vom Menschen empfundenen Struktureindruck richtig wiedergeben, kann nicht gesagt werden. Eine Abbildung wie im Auge findet nicht statt.

Alle veröffentlichten Arbeiten machen sich mechanische oder optische Phänomene zu Nutze, die Veränderungen in Abhängigkeit der Struktur zeigen. Jedoch wird in keiner dieser Arbeiten der Zusammenhang von Lackstruktur und der optischen Empfindung dieser Struktur untersucht.

3. Phänomenologische Beschreibung der optischen Empfindung einer Oberflächenstruktur

In der Praxis wird ein Beobachter die Struktur einer Lackoberfläche wahrnehmen, ohne Einzelheiten zu analysieren. Insofern besteht ein Unterschied zum Lackprüfer. Die Struktur eines Lackfilmes ist dann besonders auffällig, wenn sich in der Oberfläche leuchtende Gegenstände wie Lampen, Leuchtreklamen oder die Konturen eines Fensterkreuzes spiegeln. Die Ränder der Bildbegrenzungen zeigen sich verzerrt, bei stärkerer Struktur fasern sie in helle und dunkle Bezirke aus. Sehr gut ist dies z.B. bei einem Auto zu sehen, das an der Ampel vor dem eigenen Auto steht und in dessen Rückseite sich die eigenen Scheinwerfer spiegeln.

Man kann dieses Zerfasern der Kontur optisch sichtbar machen. Spiegelt man eine Lampe in einer lackierten Oberfläche (Beschreibung der Lampendaten und der Probenmuster siehe Kap.6.1) und nimmt das Spiegelbild mit einer Videokamera auf, so bildet sie das durch die Struktur der Lackoberfläche verzerrte Bild der Lampe ab.

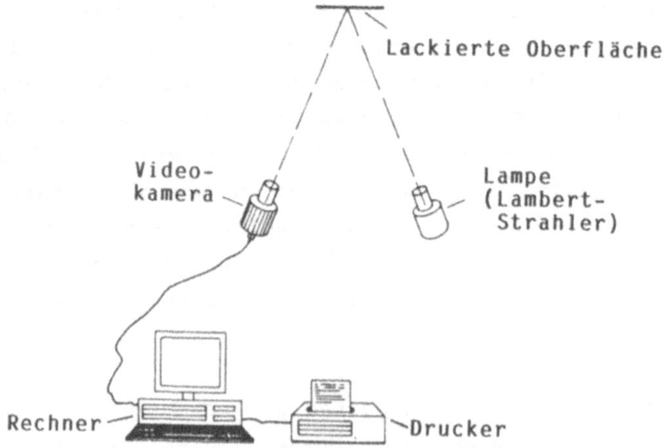

Abb. 3.1: Anordnung zur Sichtbarmachung der Verzerrung der Konturen einer gespiegelten Lampe

Die Signale der Kamera, die den Helligkeitswerten des Bildes entsprechen, werden digitalisiert und so in Stufen eingeteilt, daß Linien gleicher Helligkeit, quasi Höhenlinien, entstehen.

Abb. 3.2 zeigt Aufnahmen von einer glatten und einer stark strukturierten Oberfläche. Während die glatte Probe sehr gleichmäßige Höhenlinien zeigt, entsprechend dem Anstieg der Helligkeit am Rand der Lampe, sind diese Linien bei der strukturierten Probe völlig aufgelöst.

Probe "weiß 1", glatt

Probe "weiß 5", rauh

Abb. 3.2: Digitalisierte Bilder einer in der Lackoberfläche zweier Proben gespiegelten Lampe

In allen diesen Fällen sieht man ein Hell-Dunkelmuster von mehr oder minder grober Körnigkeit und mehr oder minder großem Unterschied der Leuchtdichten der hellen und dunklen Bezirke. (Abb. 3.3)

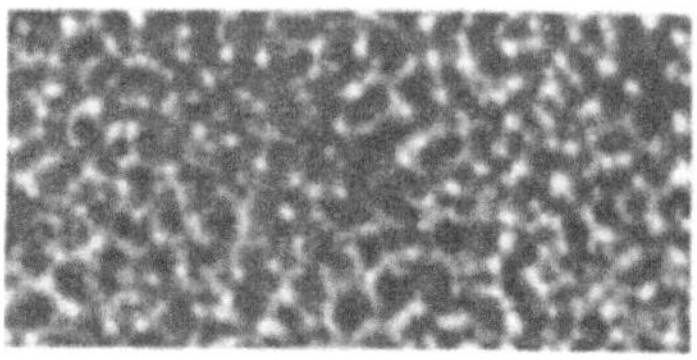

rauher = schlechter

glatter = guter Verlauf

Abb. 3.3: Hell-Dunkel-Muster der Struktur einer Lackoberfläche

Dabei erscheinen die Übergänge zwischen den hellen und dunklen Stellen relativ hart. Es fehlen fein abgestufte, ineinander übergehende Graustufen, wie dies eigentlich nach der Topologie der Lackoberfläche zu erwarten wäre. Die realen Höhenunterschiede der Oberflächenstruktur sind für das Auge nicht erfaßbar. Nach Keidel [14] ist der wahrnehmbare Höhenunterschied bei 20 cm Entfernung etwa 20 µm.

Die realen Unterschiede liegen in der Größenordnung von 1 - 2 µm, sind also nicht zu sehen.

Obwohl nur ein flächiges Hell-Dunkel-Muster vom Auge aufgenommen wird, wird dieses vom Gehirn als räumliches Gebilde mit Bergen und Tälern gedeutet. Dies ist ein Ergebnis der Evolution, da in der Natur solche Muster durch räumliche Unebenheiten erzeugt werden.

Die Stärke des Hell-Dunkel-Musters, d.h. der Leuchtdichteunterschied zwischen hellen und dunklen Stellen, ist umso größer, je höher der Glanz der Lackschicht ist. Vergleicht man zwei Lackoberflächen mit etwa gleicher Struktur - z.B. gemessen mit einem Profilschreiber - so wird die Struktur des glänzenderen Lackes als rauher empfunden. Ein Mattlack zeigt keine Struktur.

Bei hoher Allgemeinbeleuchtung ist die Struktur der Oberfläche auch im Spiegelbild schlecht zu sehen. Bei diffusem Tageslicht fällt auch eine starke Struktur nicht auf. Am besten kommt die Oberflächenwelligkeit bei sehr schwacher Allgemeinbeleuchtung im Spiegelbild einer Lampe, z.B. einer Leuchtstoffröhre, heraus.

Weiterhin ist zu beobachten, daß die Wahrnehmung einer Struktur bei höherer Allgemeinbeleuchtung von der Farbe der Lackoberfläche abhängt. Je dunkler die Farbe, umso besser ist die Struktur zu erkennen. Das Hell-Dunkel-Muster zeigt dabei weniger die Farbe des Lackes als vielmehr die Farbe der gespiegelten Lichtquelle.

Die Deutlichkeit der Strukturwahrnehmung hängt außerdem vom Beobachtungsabstand ab. Geht man mit dem Auge sehr nahe an die Oberfläche, so sieht man eine gespiegelte Kontur (Lampe, Fensterkreuz) fast unverzerrt. Vergrößert man den Abstand, so wird die Verzerrung deutlich, schließlich löst sich die Kontur in das beschriebene Hell-Dunkel-Muster auf. Bei sehr großer Entfernung verschwimmt das Muster und man hat den Eindruck, daß die Oberfläche matter wird. Dieses Phänomen ist besonders gut bei starken Strukturen zu beobachten.

Wie schon gesagt, wird das Muster als eine Folge von Bergen und Tälern empfunden. Man glaubt, eine bestimmte Wellenlänge zu sehen, spricht auch von kurz- und langwelligem Verlauf. Ein Vergleich mit den gemessenen Wellenlängen zeigt, daß in Wirklichkeit eine Überlagerung verschiedener Wellenlängen vorliegt, das Auge also einer Täuschung unterliegt. Lediglich starke Unterschiede sind in der Topologie der Oberfläche begründet.

Das Auge sieht kein Abbild der wahren Oberflächengestalt. Aus dem vom Auge aufgenommenen Hell-Dunkel-Muster erzeugt das Gehirn je nach den äußeren Umständen die Wahrnehmung einer mehr oder minder starken Struktur der Oberfläche. Um dies zu verstehen und um ein Modell sowie einen Beurteilungsmaßstab für diese Strukturempfindung entwickeln zu können, müssen wir uns zunächst mit der Physiologie des Sehens beschäftigen.

4. Bildverarbeitung und Physiologie des Sehens

4.1 Der Aufbau des menschlichen Auges

In Abb. 4.1 ist das vereinfachte Schema eines horizontalen Querschnitts des menschlichen Auges wiedergegeben.

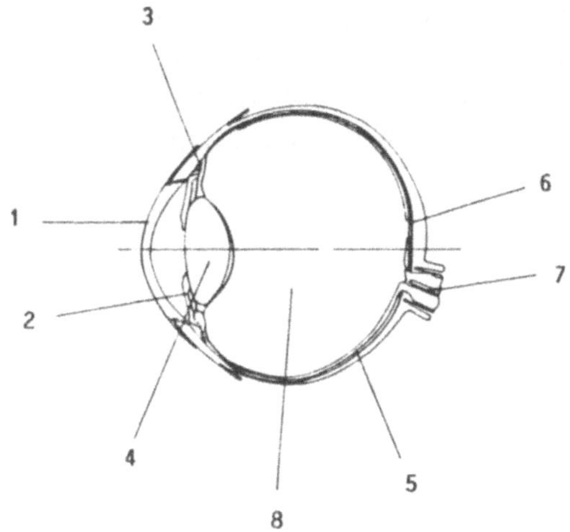

Abb. 4.1: Querschnitt des Auges

1. Hornhaut
2. Iris
3. Ziliarmuskel
4. Linse
5. Retina
6. Fovea
7. Sehnerv
8. Glaskörper

Das nahezu kugelförmige Auge hat einen mittleren Durchmesser von etwa 20 mm. Die bewegliche Iris bildet die Blende. Dabei kann die Pupille als zentrale Öffnung der Iris einen variablen Durchmesser zwischen 2 und 8 mm annehmen. Abbildende Elemente sind Hornhaut, Kammerwasser (zwischen Hornhaut und Linse), Linse und Glaskörper. Bei Scharfeinstellung (Akkomodation) des Auges werden die Objekte der Umwelt auf der Retina abgebildet. Die Brennweite beträgt ca. 23 mm. Die Retina enthält die lichtempfindlichen Rezeptoren, Stäbchen und Zapfen. Die Zapfen ermöglichen das Sehen bei großen Beleuchtungsstärken und vermitteln die Farbeindrücke. Die Stäbchen bestimmen das Sehen bei geringer Helligkeit, reagieren aber nicht auf die Farbe des Lichtes.

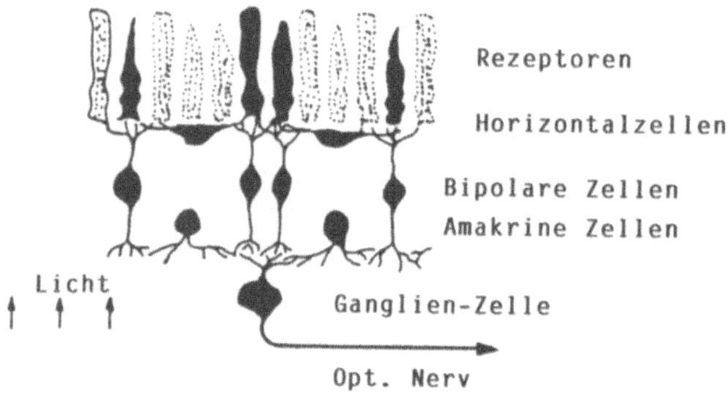

Abb. 4.2: Nervenzellschichten der Retina
(nach Korn [15])

Die Rezeptoren wandeln das eingestrahlte Licht in elektrische Impulse um, die von den verschiedenen Zellen in der Retina weiterverarbeitet werden. Diese haben eine gegenüber dem Gehirn vorverarbeitende Funktion, wie z.B. die der Kontrastverschärfung und der Adaption an verschiedene Leuchtdichten.

4.2 Die Verarbeitung der Rezeptorsignale in Retina und Gehirn

Im folgenden soll nur auf diejenigen Gesetzmäßigkeiten eingegangen werden, die für das Verständnis des optischen Eindruckes der Oberflächengestalt notwendig sind und die für die spätere Aufstellung eines Simulationsmodelles verwendet werden. Gute Einführungen in die physiologische Optik und die Bildverarbeitung geben die Bücher von Slevogt [16], Keidel [14], Richter [17], Campbell [18] und für die hier vorliegenden Probleme insbesondere Korn [15].

4.2.1 Die Lichtempfindlichkeit

Die Zapfen und Stäbchen haben sehr unterschiedliche Empfindlichkeiten. Während es nur eine Art von Stäbchen gibt und diese daher auch keinen Farbeindruck vermitteln können, gibt es drei Zapfenarten, deren spektrale Empfindlichkeit unterschiedlich ist. Je nach spektraler Zusammensetzung des einfallenden Lichtes werden sie unterschiedlich erregt, die Verarbeitung der unterschiedlichen Signale ergeben im Gehirn den Farbeindruck.
Da die Zapfen wesentlich lichtunempfindlicher sind als die Stäbchen, ist Farbsehen nur bei höheren Leuchtdichten möglich. ("Bei Nacht sind alle Katzen grau").

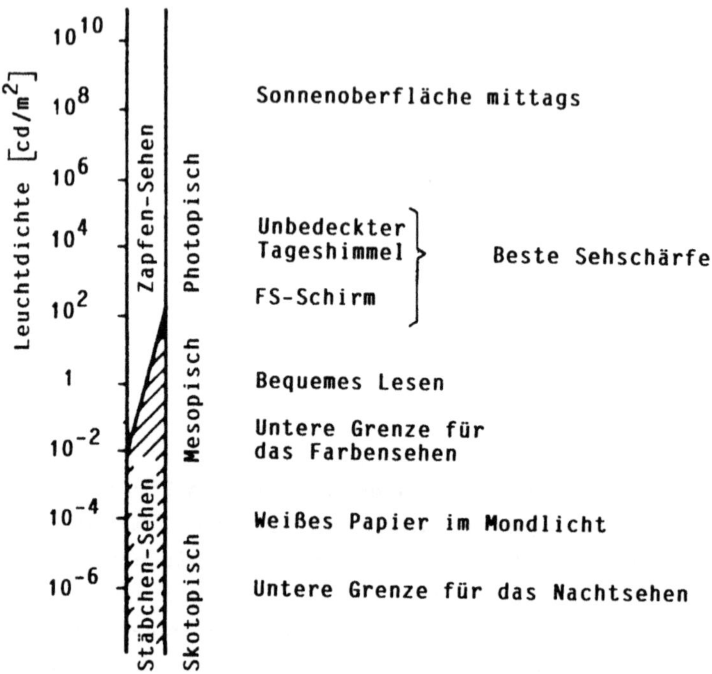

Abb. 4.3: Leuchtdichtebereiche für das Sehen mit Stäbchen und Zapfen (nach Korn [15])

Im photopischen Bereich sind nur Zapfen, im skotopischen Bereich nur Stäbchen aktiv.

Die Rezeptoren (Stäbchen und Zapfen) geben je nach empfangener Lichtwellenlänge unterschiedlich starke Signale ab. Die höchste Empfindlichkeit besitzen die Stäbchen (Nachtsehen) bei 506 bis 508 nm Lichtwellenlänge, die Zapfen (Tagsehen) bei 555 nm.

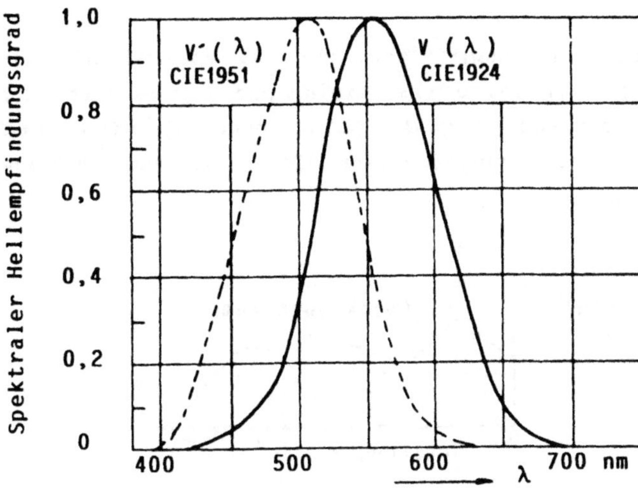

Abb. 4.4: Spektrale Hellempfindlichkeitskurven V (λ) für das Tages- und V'(λ) für das Nachtsehen (nach DIN 5031, Blatt 3 [19])

Der Zwischenbereich, in dem Zapfen und Stäbchen gleichzeitig in Funktion sind (mesopisches Sehen), ist bezüglich der spektralen Empfindlichkeit nicht eindeutig definierbar, da dabei der Anteil von Stäbchen- und Zapfenwirksamkeit je nach Leuchtdichtepegel schwankt.

4.2.2 Die Modulationsübertragungsfunktion (MÜF)

Die optischen Abbildungseigenschaften des Auges sind nicht ideal. Es ergeben sich Abbildungsfehler (z.B. Aberration, Beugung), außerdem besitzen die Rezeptoren einen endlichen Abstand auf der Retina. Dies führt dazu, daß benachbarte Lichtpunkte oder Linien nicht in beliebiger Feinheit aufgelöst werden können. Analog zur Theorie der elektrischen Nachrichtenübertragung beschreibt man die optische Übertragung durch Frequenzfilter, nur daß es sich hier um örtliche Frequenzen (also z.B. Linien pro mm) handelt. Das eintreffende optische Signal (Objektspektrum) wird durch die Modulationsübertragungsfunktion (MÜF) in das Bildspektrum umgewandelt.

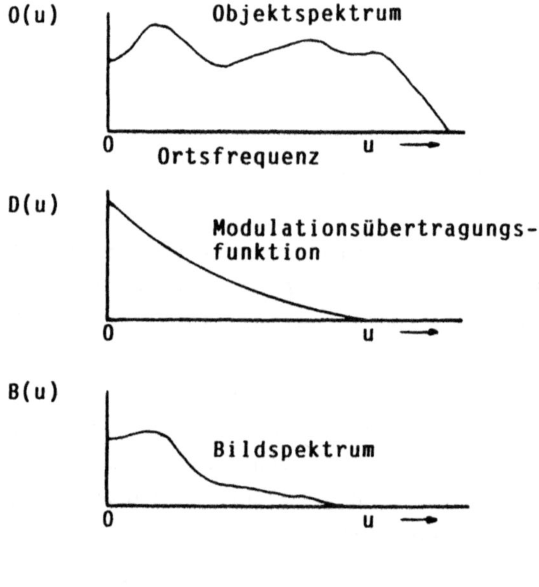

Abb. 4.5: Modifikation der Ortsfrequenzverteilung bei der optischen Abbildung (nach Korn [15])

Die MÜF des menschlichen Auges kann mit einer entsprechenden optischen Apparatur gemessen werden. Sie interessiert hier nicht direkt, sondern ihre Auswirkungen auf die Kontrastempfindlichkeit.

4.2.3 Die psycho-physische Empfindungsstärke

Ein Helligkeitsunterschied wird je nach Helligkeit unterschiedlich stark wahrgenommen. Weber und Fechner [20] haben für die Unterschiedsschwelle, die gerade noch wahrgenommen werden kann, die Formel

$$\Delta S = c_s \frac{\Delta H_R}{H_R}$$

aufgestellt. ΔH_R = Unterschied der Helligkeitsreize, H_R = Reiz der Hintergrundshelligkeit, C_S = Proportionalitätsfaktor. Dieses Gesetz gilt mit für unsere Zwecke genügender Genauigkeit in einem Leuchtdichtebereich größer 10 cd/m².

Nach Weber entspricht jeder Unterschiedsschwelle ein konstanter Empfindungsstärkenzuwachs. Einem Helligkeitsunterschied Δ L entsprechen n Empfindungssprünge Δ S. Ist H_R bzw. die Hintergrundshelligkeit L bei Vergleichsuntersuchungen, wie sie hier vorliegen, in etwa konstant, so kann aufsummiert werden und man erhält für die Empfindungsstärke

$$S = \sum_{i=0}^{n} \Delta S = n \, \Delta S = n \, c_s \frac{\Delta H_R}{H_R} = c_s' \frac{\Delta L}{L}$$

Die Größe Δ L/L wird in der physiologischen Optik als Kontrast bezeichnet. Die Empfindungsstärke ist also proportional zum Kontrast.

4.2.4 Der Simultankontrast

Grenzen zwei Flächen unterschiedlicher Leuchtdichte aneinander, so wird durch eine neuronale Schaltung der Nervenzellen die Begrenzung verschärft. Man bezeichnet dies als physiologischen Simultankontrast. Durch laterale Hemmung der den belichteten Zellen benachbarten Zellen wird deren Erregungspegel heruntergedrückt unter Anhebung des Erregungspegels der belichteten Zellen.

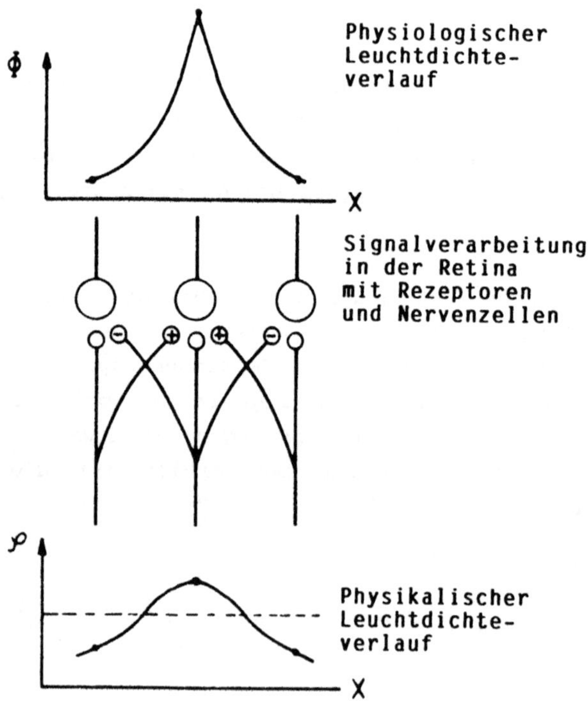

Abb. 4.6: Physiologischer Simultankontrast (nach Keidel [14])

Lägen die Maxima und Minima der Struktur wesentlich weiter auseinander, so daß der Simultankontrast nicht zum Tragen käme, so wäre der Struktureindruck wesentlich schwächer. In der in Kap. 8 beschriebenen Simulationsrechnung wird unterstellt, daß die Verstärkung durch den Simultankontrast proportional zur ursprünglichen Lichtreizstärke erfolgt, also mit einem konstanten Faktor in die Rechnung eingeht.

Dies ist der Grund, warum man die Oberflächenstruktur der Lackoberfläche bzw. das Hell-Dunkelmuster nicht in fein abgestuften, ineinander übergehenden Graustufen empfindet, wie dies eigentlich nach der Topologie der Lackoberfläche zu erwarten wäre.

4.2.5 Sehschärfe und Kontrastempfindlichkeit

Die Empfindlichkeit des Auges für Helligkeitsunterschiede hängt von der Beleuchtungsstärke ab. Die simultane Unterschiedsschwelle, das ist der kleinste noch zu differenzierende Helligkeitsunterschied, ist am größten bei kleiner Beleuchtungsstärke. Das Maximum liegt bei etwa 1 apostilb = 3 cd/m² (Keidel [14]). Deshalb ist die Oberflächenstruktur besonders gut zu sehen, wenn sich bei geringer Hintergrundshelligkeit ein heller Gegenstand, z.B. eine Lampe, in der Lackoberfläche spiegelt.

Von der Sehschärfe hängt es ab, inwieweit Hell-Dunkelbereiche noch getrennt wahrgenommen werden können. Die Sehschärfe hängt ebenfalls von der Lichtstärke ab. Sie ist am größten bei einigen tausend Lux. Die Größe der noch zu trennenden Bereiche hängt dann natürlich noch von der Objektentfernung ab, und zwar linear.

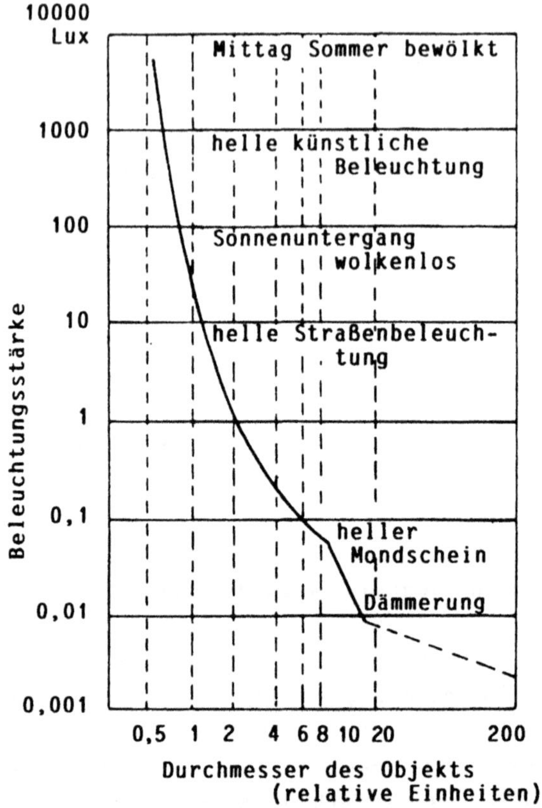

Abb. 4.7: Sehschärfe in Abhängigkeit von der Beleuchtungsstärke bei einer Objektentfernung von 6 m (nach Keidel [14])

Die Wahrnehmung der Struktur hängt daher gegenläufig von der Beleuchtungsstärke ab. Bei niedriger Beleuchtungsstärke werden auch kleine Helligkeitsunterschiede des Hell-Dunkel-Musters noch wahrgenommen, jedoch können nur weiter auseinander liegende Hell-Dunkel-Bereiche getrennt werden. Bei großen Beleuchtungsstärken ist es gerade umgekehrt. Für die Praxis ist es am besten, mittlere Beleuchtungsstärken von etwa 100 Lux für die Beurteilung zu verwenden. Das entspricht in etwa den Verhältnissen bei Nacht im Licht einer hellen Straßenlaterne.

Die Versuchsanordnung für die Beurteilung der Probenoberflächen wurde daher entsprechend aufgebaut.
Die normale Sehschärfe wird mit 50 bis 60 Bogensekunden angegeben. Lichtpunkte in einem solchen Winkelabstand werden noch getrennt wahrgenommen. Für eine Beobachtungsentfernung von 3 m erhält man für eine Sehschärfe von 50 Bogensekunden einen noch auflösbaren Abstand zweier heller Punkte in der Lackstruktur von 0,69 mm, bei 1,0 m Entfernung 0,23 mm.
Da bei senkrecht gerichteter Beleuchtung sowohl Bergkämme wie Talsohlen der Oberflächenstruktur hell erscheinen, die Flanken dagegen dunkel, entspricht der Abstand von 0,69 mm einer Wellenlänge der Oberflächenstruktur von 1,38 mm. Das von kleineren Wellenlängen zurückgestreute Licht kann nicht mehr in helle und dunkle Bereiche separiert werden. Es wird als Glanzminderung empfunden.

Trägt man die Wellenlängen einer Oberflächenstruktur auf einer Skala auf, so tragen alle Strukturen mit einer Wellenlänge kleiner λ_{Gr} = 1,38 mm zu einer Glanzminderung bei, während längerwellige Strukturen als "Orangenhauteffekt" empfunden werden. Sehr große Wellenlängen werden als Krümmung der Oberfläche bemerkt.

Glanz | wahrnembare Struktur | Krümmung

λ_{Gr} | $> \sim 15$ mm

$\sim$ 1,38 mm bei
3 m Entfernung

$\lambda_S \rightarrow$

Abb. 4.8: Wahrnehmung unterschiedlicher Wellenlängen der Oberflächenstruktur

Wie oben ausgeführt, hängt λ_{Gr} von Beleuchtungsstärke, Abstand und natürlich der Güte des Auges des jeweiligen Beobachters ab.

Das Auge schneidet nun nicht die Erkennbarkeit von Strukturen bei einem bestimmten Abstand ab, wie man aus dem eben Gesagten entnehmen könnte. In Wirklichkeit wird jede Wellenlänge bzw. Frequenz nach der in 4.2.2 geschilderten Modulationsübertragungsfunktion MÜF gefiltert. Die Ortsfrequenz wird in der Optik in Perioden pro Winkelgrad angegeben. Für die Kontrastempfindlichkeit des Menschen ergibt sich:

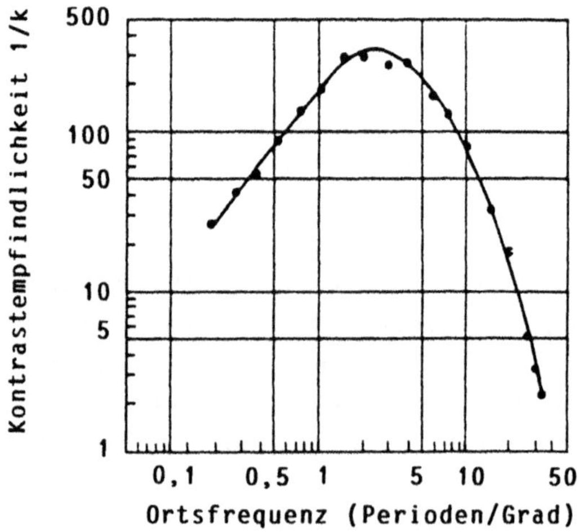

Abb. 4.9: Kontrastempfindlichkeit als Funktion der Ortsfrequenz (nach Campbell, Maffei [23])

Auch die innerhalb des interessierenden Bereichs liegenden Wellenlängen von 1 bis 15 mm werden unterschiedlich stark empfunden. Die MÜF wirkt wie ein Bandpaß. Die Kontrastempfindlichkeit ist am größten bei 2 - 5 Perioden/Grad.
Das entspricht bei einer Entfernung von 30 cm einer Strukturwellenlänge von 2 - 5 mm. Dies dürfte der Grund sein, warum man oft eine bestimmte Wellenlänge in der Struktur zu sehen glaubt, selbst wenn dies durch eine Tastschnittmessung nicht bestätigt wird.

Außer von der Ortsfrequenz hängt die Kontrastempfindlichkeit auch von der Geschwindigkeit ab, mit der das Strukturmuster am Auge vorbeistreicht. Für hohe Geschwindigkeiten ist dies leicht einzusehen, dann verschwimmt das Muster. Für kleine Geschwindigkeiten gibt es aber ein Maximum der Erkennbarkeit.

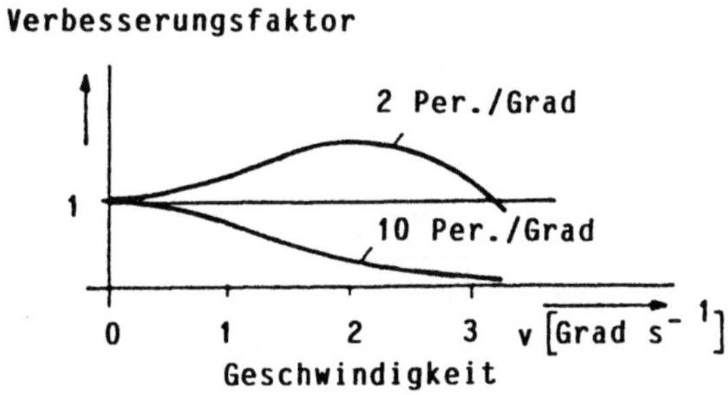

Abb. 4.10: Einfluß der Bewegung auf die Schwellenmodulation (nach Korn [15])

Ein Muster mit der Ortsfrequenz 2 Per/Grad ist am besten bei einer Geschwindigkeit von etwa 2 Grad/s zu sehen. Da die Ortsfrequenzen der Lackstruktur in dieser Größenordnung liegen, läßt ein Beobachter durch Bewegen des Kopfes den Blick mit einer entsprechenden Geschwindigkeit über die Oberfläche wandern. Dabei wählt er unwillkürlich die günstigste Bewegungsgeschwindigkeit.

5. Die Rückstrahlung des Lichtes an einer lackierten Oberfläche

5.1 Arten der Remission

Trifft Licht auf eine mehr oder minder glänzende pigmentierte Lackschicht, so wird ein Teil des Lichtes zurückgeworfen, der andere absorbiert und in Wärme umgewandelt. Die Remission erfolgt sowohl an der Lackoberfläche als aus dem Innern der Schicht durch Streuung an den Pigmenten.

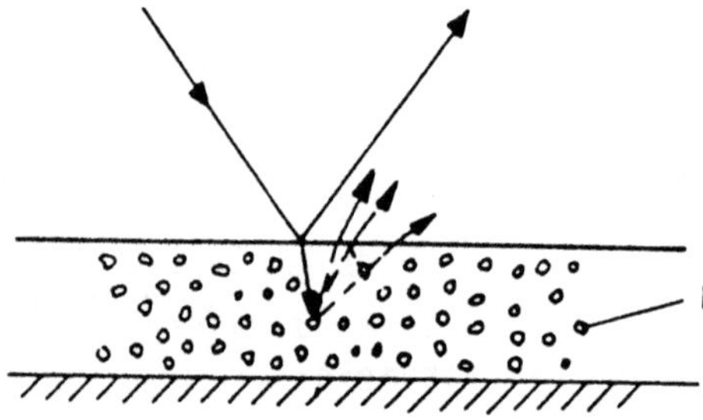

Abb. 5.1: Remission von Lackschichten

Ist das auftreffende Licht gerichtet, so lassen sich folgende Remissionsarten unterscheiden (s. z.B. Zorll [9]), die allein oder gemeinsam auftreten können:

An der Oberfläche:
- gerichtete Reflexion
- Streureflexion
- Streuung durch Beugung

Aus dem Innern der Schicht:
- Streuung an den Pigmentteilchen
- Beugung an den Pigmentteilchen
- Reflexion am Substrat

5.2 Die Remission der Oberfläche

Die Verhältnisse der Reflexion werden durch die Fresnel-Gleichungen beschrieben.

$$R_s(\alpha) = \frac{1}{2}\left\{\left(\frac{\cos\alpha - \sqrt{n^2 - \sin^2\alpha}}{\cos\alpha + \sqrt{n^2 - \sin^2\alpha}}\right)^2 + \left(\frac{n^2\cos\alpha - \sqrt{n^2 - \sin^2\alpha}}{n^2\cos\alpha + \sqrt{n^2 - \sin^2\alpha}}\right)^2\right\}$$

mit α = Einfallswinkel (gemessen von der Senkrechten),
n = Brechungsindex des die Oberfläche bildenden Materials.

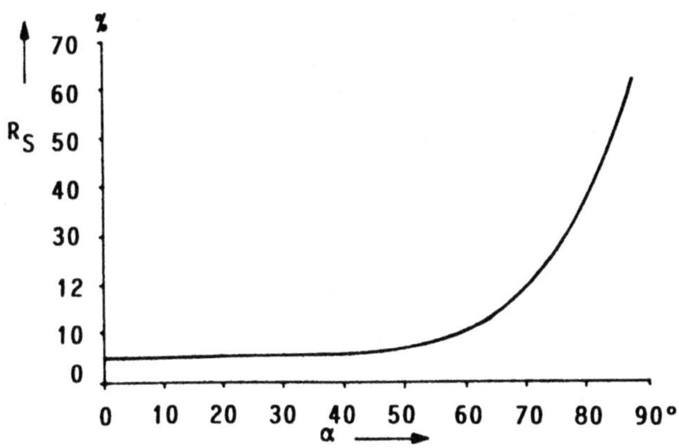

Abb. 5.2: Reflexionsvermögen einer Lackschicht mit n = 1,5 in Abhängigkeit des Einfallwinkels.

Erst bei sehr flachem Einfallswinkel steigt das Reflexionsvermögen merkbar an. Bis zu etwa 30° Abweichung von der Senkrechten ändert sich wenig.

Für senkrechten Einfall des Lichtes gilt:

$$R_s = \left(\frac{n - 1}{n + 1}\right)^2$$

Der Brechungsindex der Lackbindemittel liegt bei n = 1,5. Damit ergibt sich für das Reflexionsvermögen ein Wert von R_S = 0,04, d.h. nur etwa 4 % der eingestrahlten Lichtmenge wird direkt reflektiert. Einfallender und reflektierter Strahl verhalten sich nach dem Gesetz von Snellius, d.h. Ausfallwinkel ist gleich Einfallwinkel.

Die Lackoberfläche ist nicht völlig eben, sie besitzt eine Struktur. Je nach Winkelstellung der einzelnen Flächenelemente wird der einfallende Strahl in verschiedene Richtungen reflektiert. Eine gespiegelte gerade Kante erscheint verzerrt. Ist die Struktur stärker, so zerfasert die Kante in einzelne Lichtpunkte. Es entsteht das in Kap. 3 beschriebene Hell-Dunkel-Muster. Ist die Struktur der Oberfläche so feinwellig, daß das Auflösungsvermögen des Auges unterschritten wird, so empfindet das Auge eine Auffächerung des reflektierten Strahles als einen Glanzverlust. Man spricht in diesem Fall von Streureflexion.

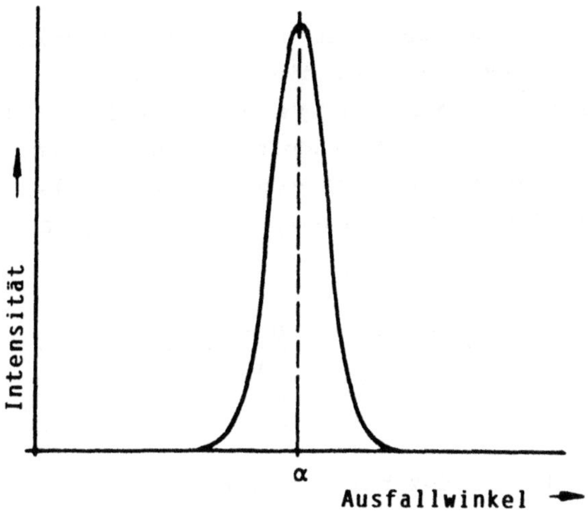

Abb. 5.3: Auffächerung der reflektierten Strahlen durch Streureflexion (Reflexionsstreukeule)
α = Winkel des direkt reflektierten Strahles

Dies gilt für Strukturen der Lackoberfläche, deren Größe über der Lichtwellenlänge liegt. Sind die Strukturen in der Größenordnung der Lichtwellenlänge, so tritt eine Lichtstreuung durch Beugung ein. Die Intensität dieser Beugung macht sich im Bereich kleiner Winkel um das Reflexionsmaximum, also im Bereich der Streukeule durch die Streureflexion nach Ladstädter u. Geßner [4] und Ladstädter [6] nur vernachlässigbar klein bemerkbar. Sie führt zu einer Verbreiterung der Streukeulen im Gebiet größerer Winkel und kleiner Intensitäten.

Die Farbe des reflektierten Lichtes entspricht der Farbe des einfallenden Lichtes, nicht der Farbe der Lackschicht. So ist eine rote Rose im Spiegelbild einer schwarzen Lackoberfläche als rot zu erkennen.

Dies gilt genau dann, wenn der Brechungsindex unabhängig von der Lichtwellenlänge ist. Da dies nicht der Fall ist, soll die Farbabweichung abgeschätzt werden (wichtig für die spätere Simulation). Das Lackbindemittel habe einen mittleren Brechungsindex von n = 1,5 und eine Abbé'sche Zahl ν = 50 (Mittelwert für Gläser). Dann gilt (s.z.B. Slevogt [16])

$$\nu = \frac{n - 1}{n_F - n_C} = \frac{n - 1}{\Delta n} = 50$$

mit n_F = Brechungsindex bei λ = 486 nm

n_C = Brechungsindex bei λ = 656 nm

Für $\Delta n = \frac{n-1}{50} = 0{,}01$ ergibt sich $n = 1{,}5 \pm 0{,}01$

Dies ist im Rahmen der Rechengenauigkeit zu vernachlässigen. Die Farbe bleibt bei der Reflexion gleich.

5.3 Möglichkeiten der optischen Messung der Reflexionsstreukeule

Es liegt nahe, die Breite der Streukeule optisch zu messen, z.B. mit einem Gonioreflektometer. Dies scheitert jedoch aus zwei Gründen. Einmal ist bei schmalen Streukeulen deren Breite von der Apertur des verwendeten Goniometers abhängig. Dies haben Lohmeyer [22] u. Zorll [23] gezeigt. Im allgemeinen ist die Eigenbreite der Geräte größer als die reale Breite der Streukeule bei hochglänzenden Lacken. Mit einer Spezialanordnung läßt sich in kleinere Aperturen vordringen.

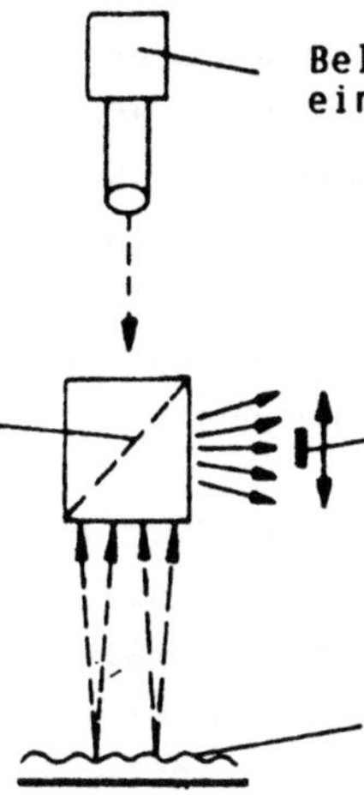

Abb. 5.4: Meßeinrichtung zur optischen Bestimmung der Reflexionsstreukeule

Durchgeführte Messungen (1) ergaben für einen weißen, hochglänzenden Decklack, der auf eine polierte Glasplatte aufgegossen wurde, Halbwertsbreiten der Streukeule von etwa 0,5 °. Es zeigte sich aber, daß die Messungen durch unvermeidbare mechanische Erschütterungen verfälscht wurden.

Aus diesem und dem im folgenden zu besprechenden, grundsätzlichen Grund, wurde die Messung nicht weiter verfolgt.

Wie in Kap. 3 ausgeführt, tritt die Orangenschalenstruktur nur dann optisch in Erscheinung, wenn die Helligkeitsunterschiede der Struktur vom Auge noch aufgelöst werden können.

---

(1) Dem Forschungsinstitut für Pigmente und Lacke, Stuttgart, danke ich für den Aufbau des Gerätes und die Durchführung der Messungen.

Diese Grenze wurde bei einer Grenze von etwa 1 mm Wellenlänge der Struktur gefunden, abhängig vom Beobachtungsabstand. Strukturen mit kleinerer Wellenlänge können vom Auge nicht mehr getrennt werden, treten daher nicht als Orangenschalenstruktur in Erscheinung. Sie bestimmen aber die Breite der Reflexionsstreukeule. Optisch werden sie als eine Verminderung des Glanzgrades empfunden.

Alle bekannten Meßgeräte zur Bestimmung der Glanzindikatrix arbeiten ohne eine Abbildung der Oberfläche, wie sie im menschlichen Auge erfolgt. Es läßt sich daher auch grundsätzlich keine Trennung in Streuung von Oberflächenstörungen größer bzw. kleiner einer bestimmten Wellenlänge durchführen. Diese Trennung in zwei Bereiche ist aber für die Empfindung der Orangenhaut maßgebend. Je größer die Oberflächenstörungen oberhalb der Grenzwellenlänge, um so stärker erscheint die Orangenhaut. Je größer die Störungen unterhalb der Grenzwellenlänge, um so breiter ist die Reflexionskeule und um so schwächer erscheint die Orangenhaut bei gleichzeitig kleinerem Glanz der Oberfläche. Dies läßt sich gut beobachten, wenn man z.B. ein Fahrzeug mit starker, kurzwelliger Orangenhaut einmal aus der Nähe, dann aus der Ferne betrachtet. In der Nähe sieht man eine starke Orangenhaut eines glänzenden Lackes, aus der Ferne verschwimmt die Struktur, und die Oberfläche erscheint stumpf und ohne Glanz. Was hier eintritt, ist nichts anderes als ein Verschieben der Grenzwellenlänge durch das kleinere Auflösungsvermögen des Auges bei größeren Entfernungen.

Für die spätere Simulation wird daher die Streukeule aus der Topografie der Oberfläche berechnet.

5.4 Die Remission aus der Schicht

Die Rückstrahlung des Lichtes aus dem Innern der Lackschicht durch Streuung und Beugung an den Pigmentteilchen besitzt keine Vorzugsrichtung, sie folgt dem Lambert-Gesetz

$$J = J_0 \cos \phi$$

J_0 = Intensität des austretenden Lichtes in Richtung der Flächennormale

J = Intensität des austretenden Lichtes in Richtung ϕ

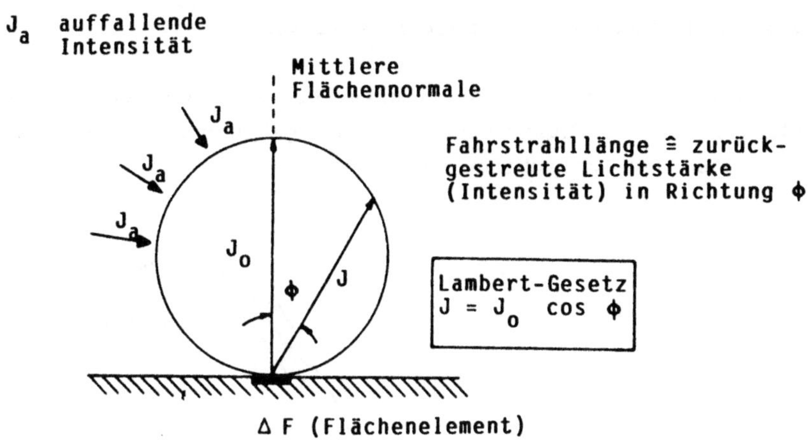

Abb. 5.5: Lichtstreuung in der Pigmentschicht nach dem Lambert-Gesetz (nach Zorll [9])

Bei hohem Remissionsvermögen aus der Lackschicht kann der Anteil des insgesamt in alle Richtungen zurückgestreuten Lichtes beträchtlich größer sein als der an der Oberfläche reflektierte Lichtanteil. Eine weiße Fläche erscheint bedeutend heller als eine schwarze, obwohl die direkte Reflexionsintensität etwa gleich ist.

In der Richtung des Reflexionsmaximums ist die Intensität des aus dem Innern der Lackschicht zurückgestreuten Lichtes aber im allgemeinen wesentlich geringer als die Intensität des reflektierten Lichtes. Zorll [9] hat hierfür ein Verhältnis bei künstlicher Beleuchtung von 1: 800 bestimmt.

5.5 Abbildung der Lackoberfläche im Auge

Das vom Auge gesehene Hell-Dunkel-Muster rührt von der Reflexion der Lichtstrahlen an den gekrümmten Oberflächenelementen der Lackschicht her.

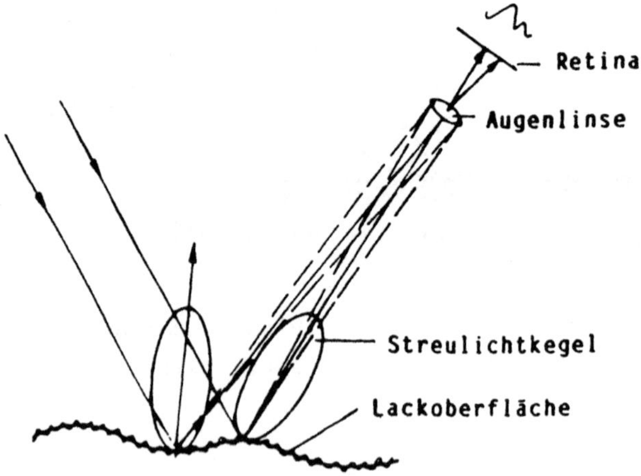

Abb. 5.6: Reflexion an der Lackoberfläche

Die Krümmung der Lackoberfläche führt in bestimmten Beobachtungsentfernungen zu einer Fokussierung der Lichtstrahlen.

Nur ein Teil der einfallenden Lichtstrahlen gelangt in direkter Reflexion ins Auge und erzeugt dort auf der Netzhaut ein Maximum an Reizstärke. Von anderen Elementen der Oberfläche gelangt nur der dem Streulichtkegel entsprechende Anteil ins Auge und erzeugt auf der Retina eine schwächere Reizwirkung.

So entsteht ein Hell-Dunkel-Muster als Abbildung. Der Unterschied der Helligkeiten ist umso größer, je welliger und je glänzender die Lackoberfläche ist.

Außerdem hängt das Muster von der Konvergenz der einfallenden Strahlen ab, ob paralleles Licht oder disperses Licht von einer Punktlichtquelle oder ungerichtetes Licht aus allen Richtungen. Bei ungerichtetem Licht, z.B. Tageslicht mit bedecktem Himmel, ist das Muster der Oberflächenstruktur nicht zu erkennen. Von allen Segmenten der Oberfläche fällt gleich viel Licht ins Auge.

Da das Muster von Art und Richtung des Lichtes, von der Beobachtungsentfernung und die physiologische Empfindung, wie in Kap. 4 gezeigt, noch von weiteren Parametern abhängt, kann eine Maßzahl für die Stärke der Strukturempfindung nur bei Festlegung, Normierung dieser Parameter definiert werden.

6. Beurteilung der Oberflächenstruktur durch ein Kollektiv von Beobachtern

6.1 Versuchsanordnung

Die Struktur der Oberfläche wirkt je nach den Lichtverhältnissen unterschiedlich auf den Beobachter. Trotzdem kann es eine mathematische Beschreibung der Strukturempfindung geben. Diese muß dann an der praktischen Erfahrung geprüft werden. Zunächst werden deshalb in einer speziellen Anordnung lackierte (Alkyd-Melamin Decklack) Bleche mit unterschiedlichen Strukturen beurteilt.

Je 5 Proben in der Blechgröße 250 mm mal 200 mm in den Farben weiß, rot und dunkelblau mit sehr gutem bis schlechtem Verlauf wurden auf einem Gestell aufgestellt.

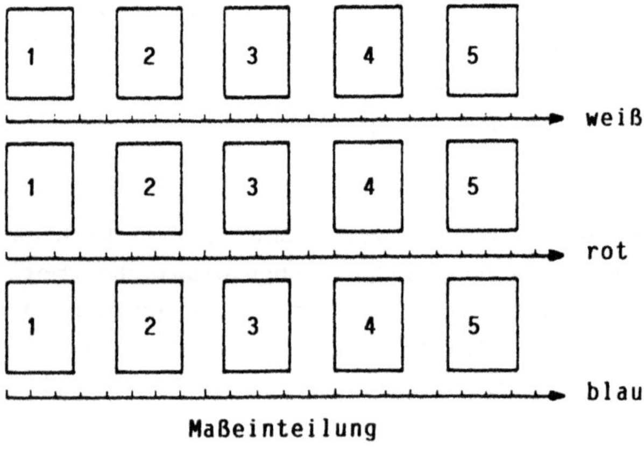

Abb. 6.1: Aufstellung der Proben

	L*	a*	b*
weiß	89,53	- 1,18	4,36
rot	28,20	48,44	35,13
blau	6,30	- 0,36	- 8,87

Abb. 6.2: Tabelle der Farbwerte der Proben, L*, a*, b* sind die Koordinaten im Farbenraum des CIELAB-Systems.

Die weiße Probe mit dem besten Verlauf wurde mit ihrem linken Rand an der Marke 0 der Maßeinteilung, die weiße Probe mit dem schlechtesten Verlauf an der Marke 26 aufgestellt. Alle anderen Proben wurden willkürlich, jeweils in ihrer Farbreihe, verteilt. Aufgabe der Beurteiler war dann, die Proben nach ihrem Empfinden in eine Reihenfolge zu bringen.

Die Beurteilung der Stärke der Oberflächenstruktur erfolgte im Spiegelbild einer Lichtquelle mit vorgesetzter Mattscheibe.

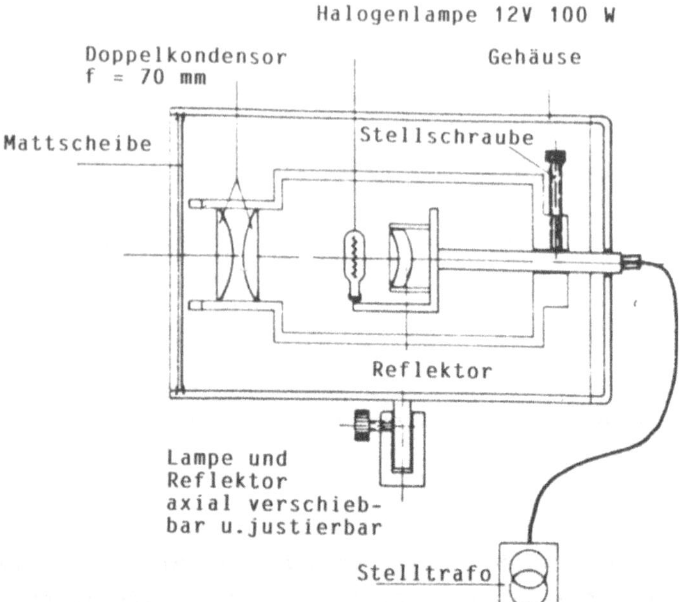

Abb. 6.3: Lichtquelle
(Richtleuchte Fa. Spindler u. Hoyer)

Durch die Mattglasscheibe wurde erreicht, daß sich die Lichtquelle etwa wie ein Lambertstrahler verhielt. Dies wurde durch eine Messung nachgeprüft:

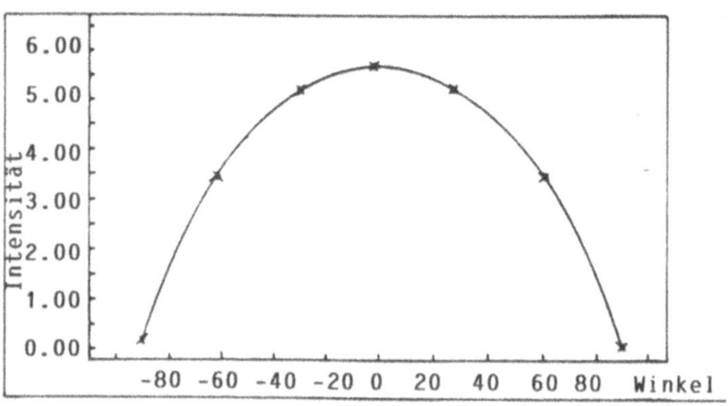

Abb. 6.4: Radiale Lichtintensität der Lichtquelle

Die beste Übereinstimmung ergibt die Funktion $J = J_0 (\cos \phi)^{0.7}$ mit der in der Simulation gerechnet wurde.

Mittels des Stelltrafos wurde die Leuchtdichte im hellen Fleck der Mattscheibe auf 5.400 cd/m² eingeregelt.

Zur Leuchtdichtemessung diente das digitale Leuchtdichtemeßgerät L 1009 der Fa. Lichtmeßtechnik Berlin. Der Photometer-Kopf des Gerätes ist mit einem V(λ)- Si-Photoelement bestückt, bewertet die Leuchtdichte also nach der Augenempfindlichkeit für das Tagsehen.

Das Wellenlängenspektrum des Lichtes wurde aus Tabellen der Firma Osram [24] entnommen.

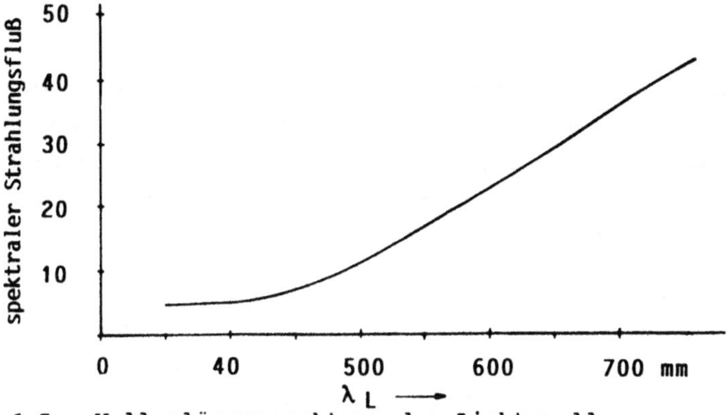

Abb. 6.5.: Wellenlängenspektrum der Lichtquelle

Der Abstand von Lichtquelle zu den Proben betrug 300 cm, der Abstand vom Auge des Beobachters zu den Proben ebenfalls 300 cm. Der Beobachter nahm auf einem Stuhl direkt neben der Lichtquelle Platz, so daß der Winkel zwischen den Strahlengängen Lichtquelle - Probe und Probe - Auge kleiner 5 Grad war. Für die spätere Rechnung kommt dies praktisch einem senkrechten Lichteinfall gleich. Die Proben wurden so geneigt, daß das Spiegelbild der Lichtquelle in allen Proben gleichzeitig zu sehen war.

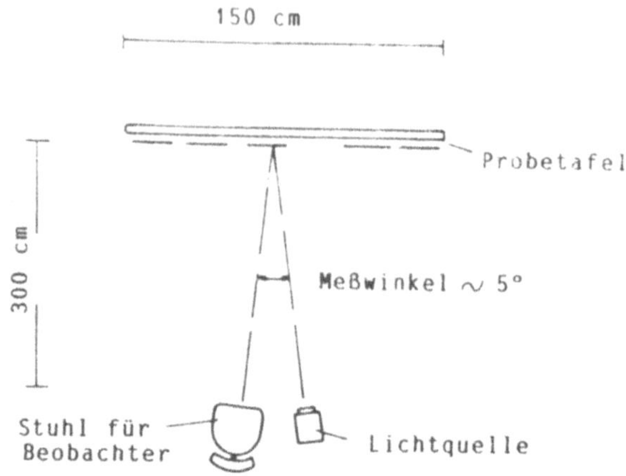

Abb. 6.6: Anordnung zur Beurteilung der Oberflächenstruktur

Das Ganze war in einem dunklen Raum angeordnet. Die Verhältnisse entsprechen also in etwa dem Fall der Beobachtung bei Nacht im hellen Straßenlicht, wenn sich eine Lampe in der Lackierung spiegelt. Nach Kap. 3 und 4 ist dann die Struktur besonders gut zu sehen.

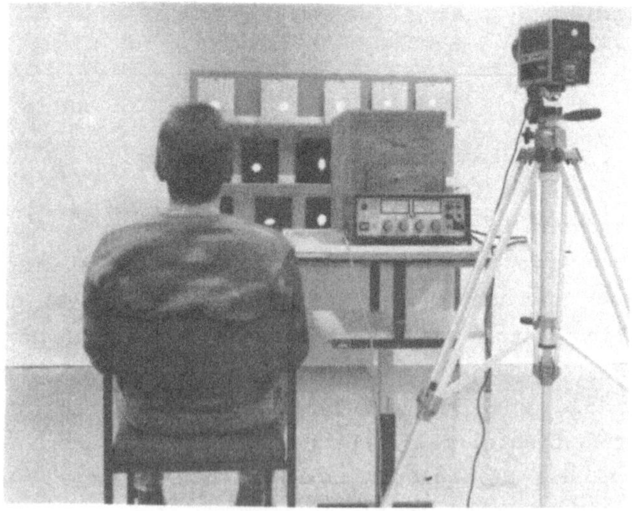

Abb. 6.7: Foto der Anordnung

Die Leuchtdichten des Umfeldes, im gespiegelten Lichtfleck und im dunklen Umfeld auf der Probe wurden gemessen. Meßabstand 300 cm, Beobachtungswinkel 5 Grad, Meßfeldwinkel 20 min.

		Leuchtdichte cd/m²	
Probe	Lichtfleck	Umfeld Probe	Umfeld Raum
weiß 1	194		
2	196		
3	193	0,85	
4	183		
5	175		
rot 1	228		
2	221		0,02 - 0,07
3	215	0,16	
4	213		
5	208		
blau 1	232		
2	236		
3	232	0,02	
4	226		
5	232		

Abb. 6.8: Tabelle der Leuchtdichten
(Genauigkeit etwa ± 3 %)

6.2 Durchführung der Beurteilung

Die Beurteilung der Proben wurde von insgesamt 30 Personen durchgeführt. Darunter waren 6 Personen, die beruflich mit der Lackprüfung vertraut sind, die anderen waren Laien (11) aus anderen Berufssparten oder teilweise mit Lackfragen befaßte Personen (13), die nicht eindeutig zuzuordnen sind. Diese Auswahl wurde bewußt vorgenommen, um die Vermutung zu prüfen, ob sich die Urteile von Fachleuten und Laien unterscheiden. Vor jeder Einzelbeurteilung wurden die Proben in willkürliche Reihenfolge gebracht, um eine gegenseitige Beeinflussung auszuschließen.
Die Beurteilung erfolgte nun so, daß zunächst in den 3 Farbreihen jeweils eine Reihung abfallender Verlaufsqualität erstellt wurde. Die Probanden hatten dann die Aufgabe, die Proben im vorgegebenen Rahmen, weiß 1 = beste Probe, weiß 5 = schlechteste Probe, auf ihrer Ebene solange zu verschieben, bis durch ihre Abstände zueinander die Verlaufsstufung zum Ausdruck kam. Hierbei war auch auf die Relation der 3 Farben untereinander zu achten. Proben verschiedener Farben mit gleich gut empfundenem Verlauf mußten also übereinander plaziert sein.

Nachdem auf diese Weise jede Probe durch eine Hilfsperson an den vom Probanden gewünschten Ort geschoben worden war, erfolgte abschließend die Auswertung, indem die Position jeder Probe auf der Maßeinteilung des Gestells abgelesen wurde. Die so ermittelte Zahl der Maßeinteilung wurde der Probe als Note N (Beobachternote) zugeordnet.

Dies hatte den Vorteil, daß der Proband nicht selber eine zahlenmäßige Beurteilung vornehmen mußte, und auch im Umgang mit Strukturbenotung unerfahrene Laien auf diese Weise eine differenzierte Einteilung vornehmen konnten.

Die Ergebnisse sind in den folgenden Tabellen festgehalten:

Probe \ N		Mittelwert	Max. Wert	Min.Wert	Standard-abweichung
weiß	1	0,0	0,0	0,0	-
	2	4,9	6,0	4,0	0,7
	3	13,0	14,5	10,0	1,5
	4	19,8	21,0	17,5	1,4
	5	26,0	26,0	26,0	-
rot	1	0,5	1,0	0,0	0,5
	2	5,8	6,5	4,0	1,0
	3	12,9	14,5	10,0	1,6
	4	18,6	19,5	16,5	1,1
	5	24,9	25,5	24,0	0,6
blau	1	0,0	0,5	- 0,5	0,3
	2	5,1	6,5	4,0	1,0
	3	11,8	12,5	9,5	1,1
	4	18,0	19,1	15,5	1,3
	5	23,8	24,5	23,0	0,5

Abb. 6.9: Beurteilung der Proben durch Experten

Probe \ N		Mittelwert	Max. Wert	Min. Wert	Standard-abweichung
weiß	1	0,0	0,0	0,0	-
	2	5,8	6,5	4,5	0,7
	3	13,1	15,5	11,0	1,2
	4	19,5	21,5	17,5	1,2
	5	26,0	26,0	26,0	-
rot	1	0,9	2,0	- 0,5	0,6
	2	6,0	7,5	4,0	1,0
	3	12,4	13,5	10,5	0,9
	4	18,0	19,5	15,5	1,2
	5	24,4	25,0	22,5	0,7
blau	1	0,3	1,0	- 1,0	0,6
	2	4,9	6,5	3,0	1,1
	3	11,3	12,0	10,0	0,8
	4	17,9	19,5	16,0	1,2
	5	23,3	25,0	19,5	1,5

Abb. 6.10: Beurteilung der Proben durch Laien

Probe \ N		Mittelwert	Max. Wert	Min. Wert	Standardabweichung
weiß	1	0,0	0,0	0,0	-
	2	5,4	7,5	4,0	1,0
	3	12,5	15,0	10,0	1,4
	4	19,2	21,0	17,5	1,1
	5	26,0	26,0	26,0	-
rot	1	0,5	1,5	0,0	0,4
	2	5,6	6,5	4,0	0,8
	3	11,4	13,5	9,5	0,9
	4	17,9	20,5	16,5	1,4
	5	24,8	26,5	23,5	0,8
blau	1	0,3	1,0	0,0	0,3
	2	4,8	6,0	4,0	0,7
	3	10,0	12,0	8,5	1,1
	4	17,3	20,5	15,0	1,4
	5	23,8	25,0	22,0	1,0

Abb. 6.11: Beurteilung der Proben durch nicht exakt zuzuordnende Personen

Die Schwankungen der Einzelbeurteilungen unterscheiden sich in den drei Gruppen nicht wesentlich. Die Einzelbeurteilungen liegen in einem Intervall von ± 10 bis ± 15 % vom Mittelwert.

Die Häufigkeitsverteilungen der Beurteilungen sind exemplarisch für die Proben "weiß 2" und "blau 4" in den Abb. 6.12 und 6.13 wiedergegeben.

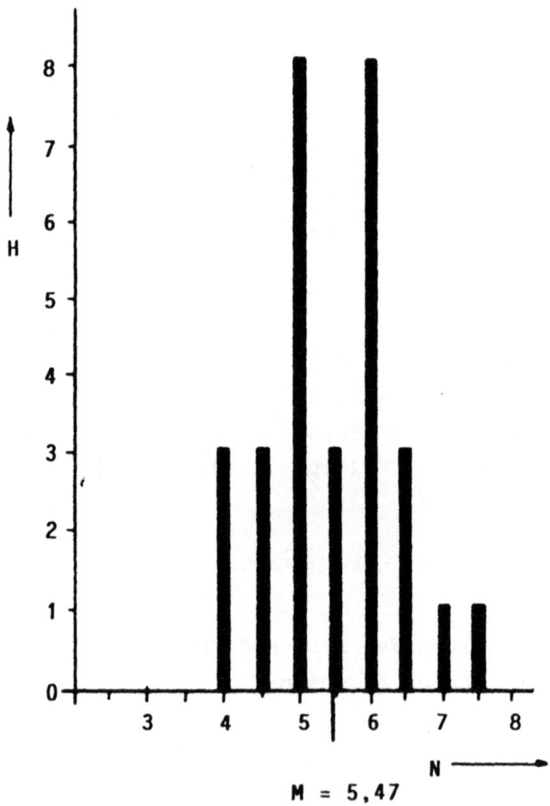

Abb. 6.12: Häufigkeitsverteilung der Beurteilungen für die Probe "weiß 2"

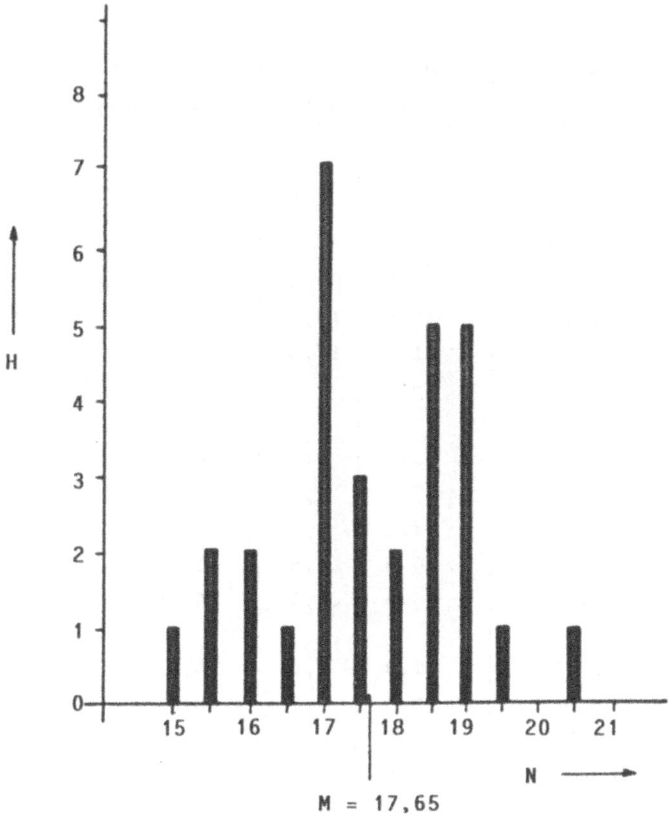

Abb. 6.13: Häufigkeitsverteilung der Beurteilungen für die Probe "blau 4"

Für alle Beobachter ergibt sich:

Probe \ N	Mittel-wert	Max. Wert	Min. Wert	Standard-abweichung
weiß 1	0,00	-	-	-
2	5,47	7,5	4,0	0,89
3	12,82	15,5	10,0	1,36
4	19,42	21,5	17,5	1,16
5	26,00	-	-	-
rot 1	0,65	2,0	- 0,5	0,56
2	5,78	7,5	4,0	0,90
3	12,05	14,5	9,5	1,21
4	18,10	20,5	15,5	1,25
5	24,67	26,5	22,5	0,75
blau 1	0,22	1,0	- 1,0	0,45
2	4,90	6,5	3,0	0,90
3	10,85	12,5	8,5	1,22
4	17,65	20,5	15,0	1,32
5	23,63	25,0	19,5	1,13

Abb. 6.14: Beurteilung der Proben durch alle 30 Personen

Es zeigt sich selbst bei dieser Versuchsanordung mit eindeutigen Festlegungen, daß die Struktur von den einzelnen Beobachtern unterschiedlich wahrgenommen wird. Allerdings sind die festgestellten Abweichungen kleiner als die aus der üblichen, visuellen Lackabprüfung bekannten, wo mit über ± 30 % Schwankung gerechnet werden muß.

7. Beschreibung der Oberflächengestalt durch Tastschnittmessungen

7.1 Durchführung der Messungen

Die Modellrechung zur Bestimmung des physiologischen Eindruckes der Oberflächenstruktur geht von der Wechselwirkung des Lichtes mit der Gestalt der Lackoberfläche aus. Hierzu ist zunächst die Oberflächengestalt zu beschreiben. Dies wird mit Hilfe von Tastschnittmessungen durchgeführt. Obwohl Tastschnitte nur einen Schnitt durch die Oberfläche wiedergeben, also ein zweidimensionales statt ein dreidimensionales Bild wiedergeben, ist dies für unseren Zweck zulässig. Wichtig sind die maximalen Steigungen innerhalb der Struktur.

Bei senkrechter Betrachtung und Beleuchtung der Oberfläche ergeben sich auf der Netzhaut Intensitätsmaxima bei ebenen Stellen der Oberflächenstruktur, Intensitätsminima bei den Stellen stärkster Steigung. Die spätere Auswertung der Rechenergebnisse wird aus physiologischen Gründen so erfolgen, daß die Stellen größter Steigung bevorzugt betrachtet werden. Es kommt also darauf an, im Tastschnitt genügend viele Stellen größter Steigung zu erfassen. Das ist dann der Fall, wenn genügend oft der Tastschnitt mittig durch einen Berg der Oberfläche verläuft.

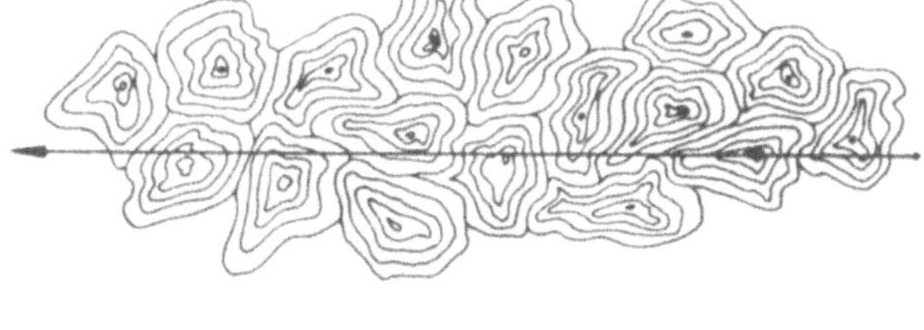

Abb. 7.1: Tastschnitt durch das Höhenprofil der Oberfläche

Die Teststrecke einer einzelnen Tastschnittmessung beträgt 40 mm. Dies ist sicher zu wenig, um die Steigungen genügend genau wiederzugeben. Zur Abschätzung der notwendigen Anzahl von Tastschnitten wurden bei einer Probe 20 Tastschnittmessungen in unterschiedlichen Richtungen durchgeführt. Durch Mittelwertbildung über die 20 Messungen wurde der Durchschnittswert des Betrages der Steigung bestimmt. Falls sich mit weniger Messungen eine gute Annäherung an diesen Mittelwert ergibt, so zeigt dies, daß genügend Maximalsteigungen der Oberfläche erfaßt wurden.

Eine Auswertung von 20 Tastschnitten ergab, daß das Ergebnis von nur x Tastschnitten (x < 20) mit der Wahrscheinlichkeit w um den Faktor p vom Mittelwert der 20 Tastschnitte abweicht.

w \ P	± 1 %	± 2 %	± 5 %	± 10 %
50 %	13	6	2	1
75 %	17	11	4	1
90 %	18	14	6	2
95 %	19	16	7	3
99 %	19	17	10	4

w: Wahrscheinlichkeit der maximalen Abweichung

p: Maximale Abweichung vom Durchschnittswert aus 20 Messungen

Abb. 7.2: Tabelle der notwendigen Tastschnittmessungen

Es zeigte sich, daß sich schon mit 3 Messungen mit einer Wahrscheinlicheit von 95 % eine Annäherung auf ± 10 % an den Wert von 20 Messungen ergibt. Für die Auswertung der verschiedenen Proben wurden aus praktischen Gründen je Probe 7 Messungen durchgeführt. Die hiermit erzeugte Genauigkeit wurde als ausreichend erachtet. Eine größere Zahl von Messungen hätte die Rechenzeit entsprechend heraufgesetzt, ohne anbetracht der sonstigen Ungenauigkeiten, sowohl der gemessenen Werte der Beobachter als der Simulationsrechnung, einen wirklichen Genauigkeitszuwachs zu bringen.

Dies gilt allerdings nur dann, wenn die Struktur der Oberfläche keine Vorzugsrichtungen aufweist, die Oberfläche also gleichmäßig lackiert ist. Dies ist im allgemeinen der Fall. Bei senkrecht lackierten Flächen kann sich durch die Ablaufneigung des Lackes eine Ungleichmäßigkeit - kaum wahrnehmbare Läuferansätze - ergeben. Dann muß in Richtung der stärksten Steigungen gemessen werden.

Zur Tastschnittmessung wurde der Hommel Tester T 20-DC mit einem 2-Kufentaster TKPK 100-1364 benützt.

Tastspitzenradius 5 µm
Taststrecke 40 mm
Vorschubgeschwindigkeit 0,5 mm/s

Das Meßgerät liefert dabei 8.000 Amplitudenwerte pro Meßstrecke. Die Meßwerte wurden ohne Filterung mit einer Auflösung von 10 µm auf einen Rechner HP 9836 übernommen und auf Diskette gespeichert. Für die Simulationsrechnung stehen damit 7 x 8.000 = 56.000 Meßpunkte pro Oberfläche zur Verfügung, welche diskrete Punkte der Struktur in einem Abstand von 5 µm darstellen.

Wegen des Tastspritzenradius von 5 µm werden Strukturen mit Wellenlängen kleiner etwa 20 µm (berechnet nach Elson u. Bennett [25]) nicht mehr genau wiedergegeben. Diese Wellenlängen liegen noch weit über der Lichtwellenlänge. Es geht also ein Teil der den Glanz bestimmenden Informationen verloren. Nach Ladstädter [6] bleibt die Intensität der durch kleine Wellenlängen hervorgerufenen Lichtstreuung über einen weiten Winkelbereich nahezu konstant und ist meist um ein bis zwei Größenordnungen geringer als die Intensität des direkt reflektierten Stahles. Diese Streuung führt zu einer allgemeinen Vermattung. Umgekehrt bedeutet das, daß Glanzlacke keine oder nur geringfügige Strukturen in diesem Wellenlängenbereich besitzen. Solange die Untersuchungen auf solche Glanzlacke beschränkt bleiben, ist demnach der Meßfehler tolerabel. Nur bei solchen Lacken spielt die hier betrachtete "Orangenschalenstruktur" eine Rolle.

Einige Ausdrucke von Tastschnitten der beurteilten Proben seien wiedergegeben:

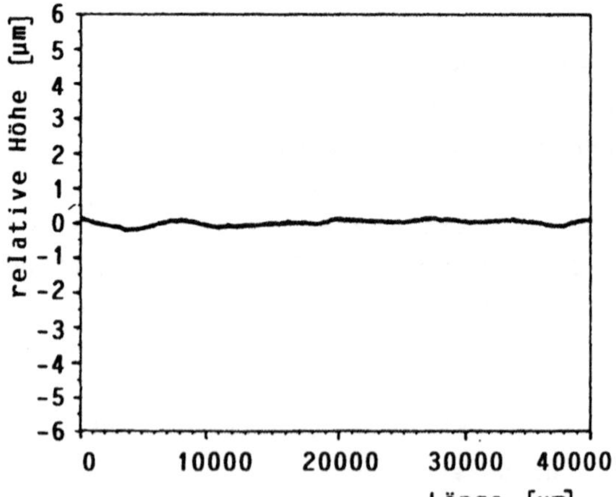

Abb. 7.3: Tastschnitt Probe 1 weiß

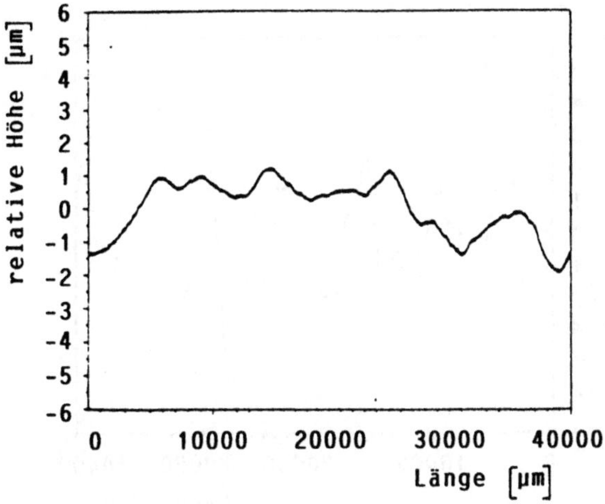

Abb. 7.4: Tastschnitt Probe 2 weiß

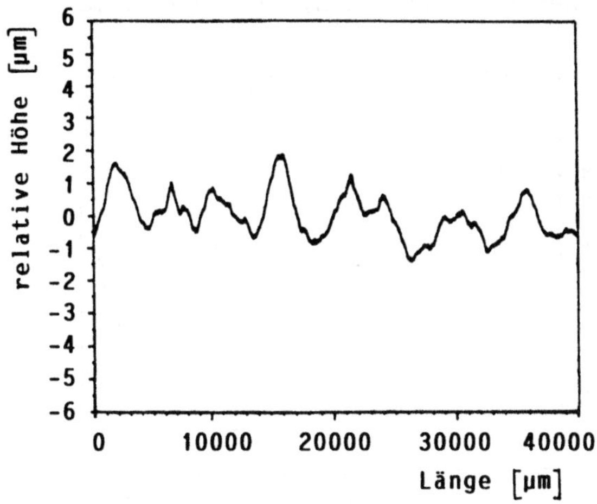

Abb. 7.5: Tastschnitt Probe 3 weiß

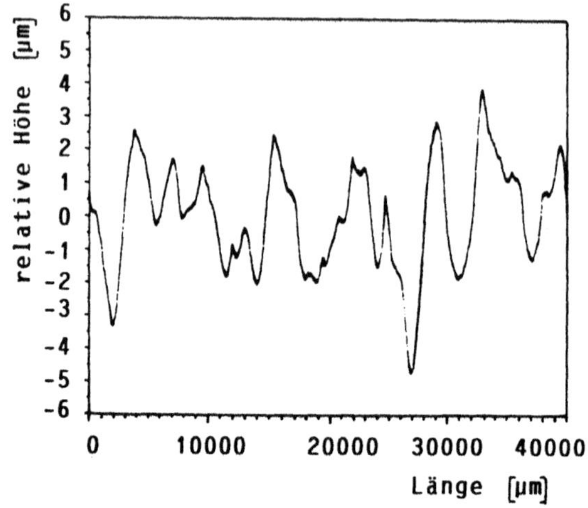

Abb. 7.6: Tastschnitt Probe 5 weiß

Das Bild verschiedener Tastschnitte auf ein- und derselben Probe kann erheblich schwanken, wie die folgenden Bilder zeigen:

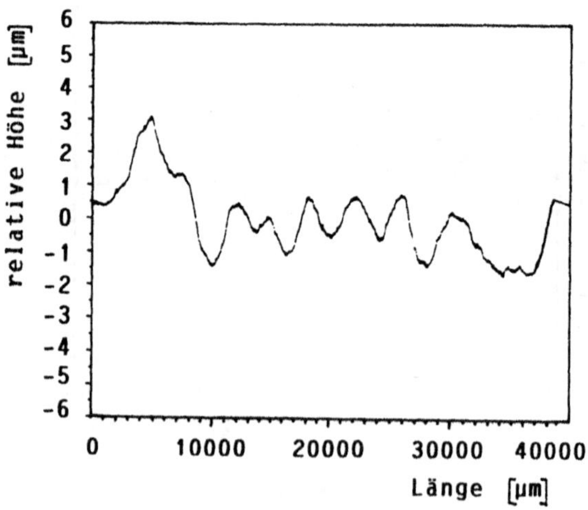

Abb. 7.7: 1. Tastschnitt Probe 4 rot

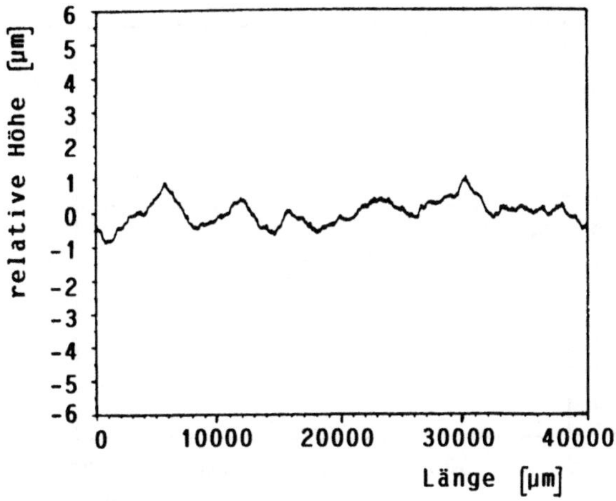

Abb. 7.8: 2. Tastschnitt Probe 4 rot

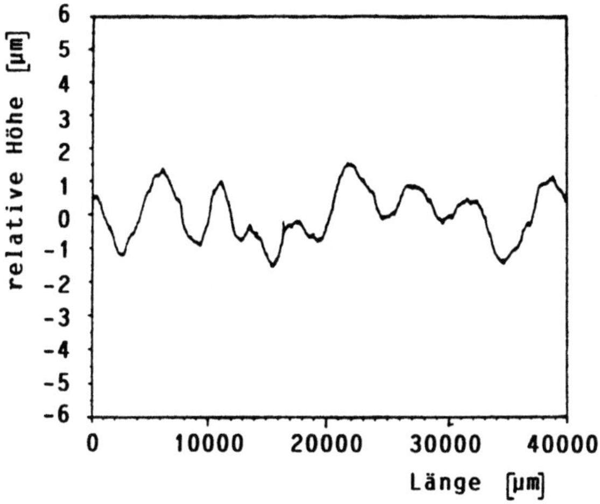

Abb. 7.9: 3.Tastschnitt Probe 4 rot

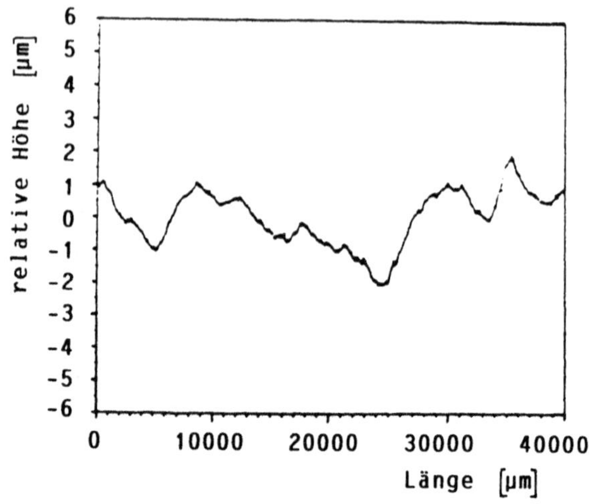

Abb. 7.10: 4. Tastschnitt Probe 4 rot

Die Struktur erzeugt im Auge umso kontrastreichere Hell-Dunkelmuster, je stärker die in der Struktur vorkommenden Steigungen sind (s. Kap. 5.5). Im Tastschnitt kommen alle Steigungen bis zu einem bestimmten Höchstwert vor. Ihr Mittelwert ist Null, da gleichviel positive wie negative Steigungen vorhanden sind. Bildet man die statistische Häufigkeit einzelner Steigungsklassen, so ist die Standardabweichung dieser Häufigkeitsverteilung ein gutes Maß für die Größe der in der jeweiligen Struktur vorkommenden Steigungen. Sie soll mit (s-St) bezeichnet werden. Die (s-St)-Werte der einzelnen Tastschnitte einer Probe werden gemittelt und darüberhinaus die Standardabweichung dieses Kollektivs von Tastschnitten einer Probe als Maß für deren Streuung berechnet. Als weiteres Maß für Gleich- oder Ungleichmäßigkeit der Tastschnitte wurde noch das Verhältnis des niedrigsten zum höchsten (s-St)-Wert der Tastschnitte einer Probe gebildet. Mit diesen drei Maßen erhält man einen guten Überblick über die Genauigkeit der durchgeführten Tastschnittmessungen.

Probe	Mittel der (s-St)-Werte [µm/mm]	Standard-abweichung der (s-St)-Werte	Niedrigster zu höchster (s-St)-Wert
weiß 1	0,06	0,021	1: 2,5
2	0,286	0,049	1: 1,57
3	0,694	0,118	1: 1,7
4	1,193	0,337	1: 2,04
5	2,287	0,538	1: 2,16
rot 1	0,103	0,029	1: 1,18
2	0,297	0,039	1: 1,4
3	0,55	0,084	1: 1,65
4	0,709	0,274	1: 3,42
4a	0,876	0,166	1: 1,61
5	1,221	0,359	1: 2,59
blau 1	0,07	0,01	1: 1,33
2	0,248	0,046	1: 1,55
3	0,537	0,129	1: 2,03
4	0,877	0,114	1: 1,66
5	1,277	0,141	1: 1,38

Abb. 7.11: Charakterisierung der Tastschnitte im Bereich 1 - 8 mm Wellenlänge (s. Kap. 7.2)

Hiermit ist die Genauigkeit der Erfassung der Oberfläche durch die Tastschnitte angegeben. Genauer kann natürlich das Ergebnis der folgenden Rechnungen auch nicht sein.

Bei der Probe rot 4 fällt auf, daß das Verhältnis von niedrigster zu höchster gemessener mittlerer Steigung sehr hoch ist (1: 3,42). Dies bedeutet, daß die Struktur sehr ungleichmäßig ist, wohl durch den Beginn von Läuferansätzen hervorgerufen. Da das Auge auf die größeren Steigungen reagiert, wurden die Tastschnitte in Richtung der größeren Steigungen für sich ausgewertet und mit "rot 4 a" bezeichnet.

7.2. Fourierspektrum der Tastschnitte und Aufspaltung in Fein- und Grobstruktur

Um eine Einteilung in Grob- und Feinstruktur (vom Auge nicht mehr auflösbare Struktur) vornehmen zu können, wird mittels der Fourieranalyse das Ortsfrequenzspektrum wiedergegeben. Die Strukturkurven lassen sich als örtliche Schwingungen auffassen und dann nach Fourier als eine Summe aus - im allgemeinen Fall unendlich vielen - harmonischen Teilschwingungen, d.h. Sinusfunktionen unterschiedlicher Amplitude und Frequenz darstellen. Diese Ortsfrequenzen werden in der Einheit Perioden pro Millimeter dargestellt. In den Abbildungen wurde durchgehend der gleiche Maßstab gewählt, deshalb ist die Wiedergabe bei glatten Oberflächen entsprechend klein.

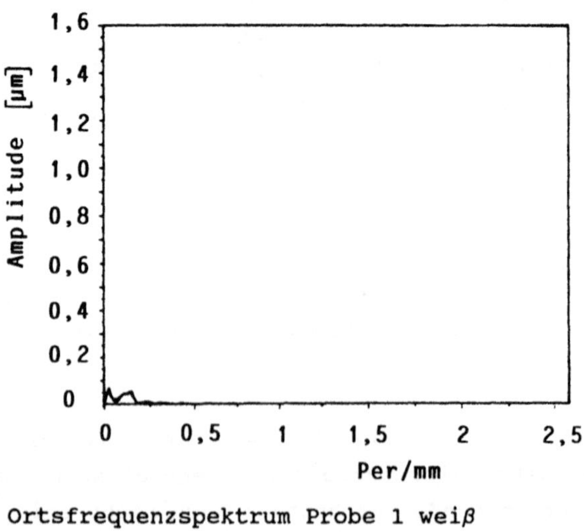

Abb. 7.12: Ortsfrequenzspektrum Probe 1 weiß

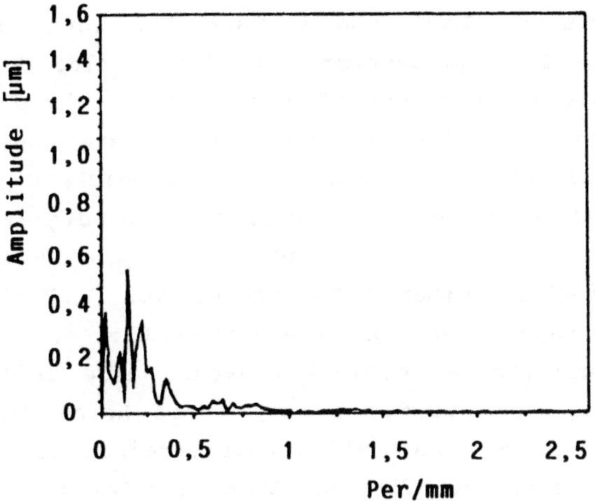

Abb. 7.13: Ortsfrequenzspektrum Probe 3 weiß

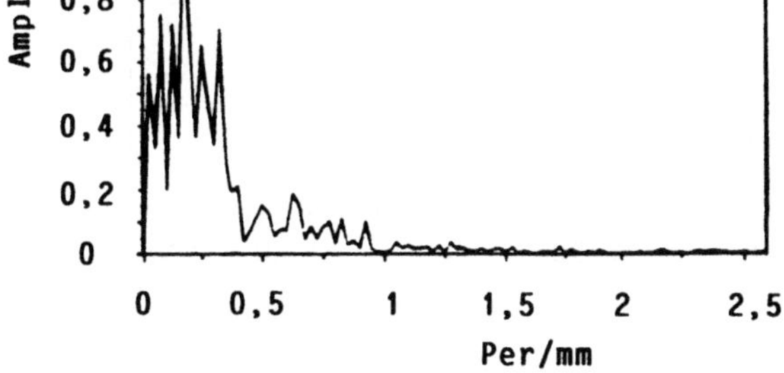

Abb. 7.14: Ortsfrequenzspektrum Probe 5 weiß

Die Grenze zwischen Grob- und Feinstruktur wurde in Kap. 4.2.5 zu λ_{Gr} = 1,38 mm bestimmt. Da der Einfluß der Grobstruktur auf die Strukturempfindung größer ist als derjenige der Feinstruktur, die Grenze wegen der langsam abnehmenden Kontrastempfindlichkeit und wegen der Abhängigkeit von der Umfeldleuchtdichte und der Beobachtungsgeschwindigkeit nicht genau definiert ist, wird die Grenze auf λ_{Gr} = 1 mm festgelegt, entsprechend einer Ortsfrequenz von 1 Periode/mm. Alle Teilschwingungen der Ortsfrequenzen kleiner 1 Per/mm bilden die Fourierreihe der Grobstruktur, alle Teilschwingungen mit Frequenzen größer 1 Per/mm die Reihe der Feinstruktur. Summiert man die beiden Fourierreihen wieder auf, so erhält man die Höhenprofile der Grob- und Feinstruktur.

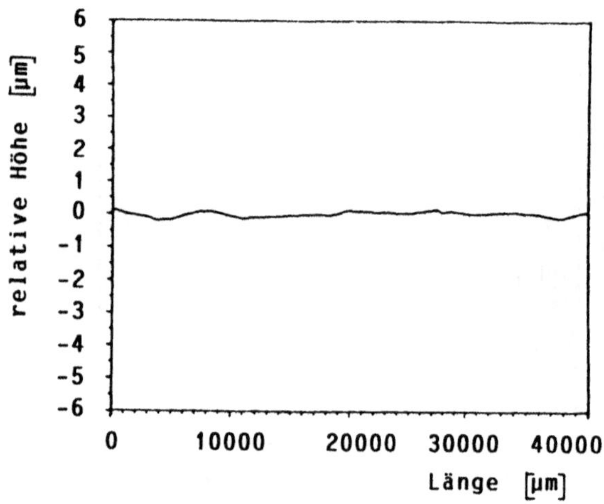

Abb. 7.15: Grobstruktur Probe 1 weiß

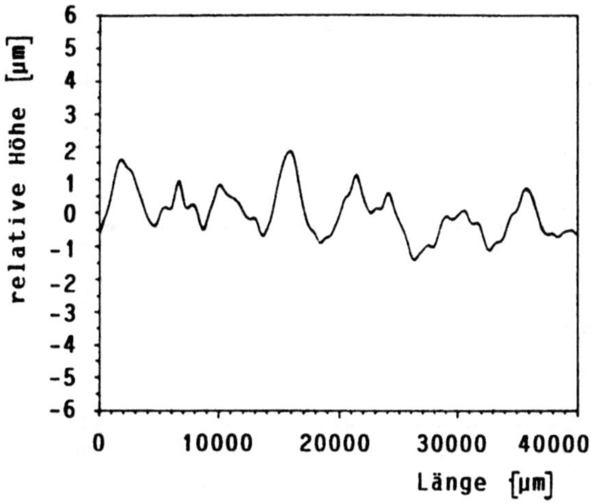

Abb. 7.16: Grobstruktur Probe 3 weiß

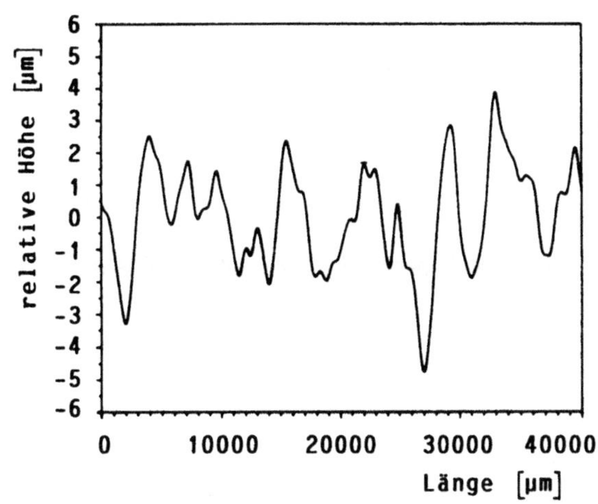

Abb. 7.17: Grobstruktur Probe 5 weiß

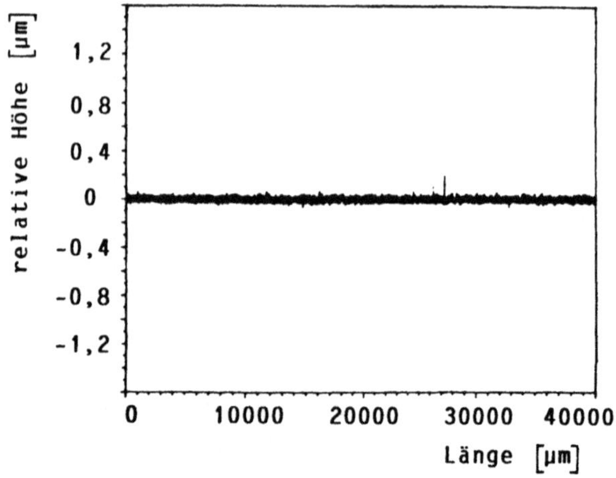

Abb. 7.18: Feinstruktur Probe 1 weiß

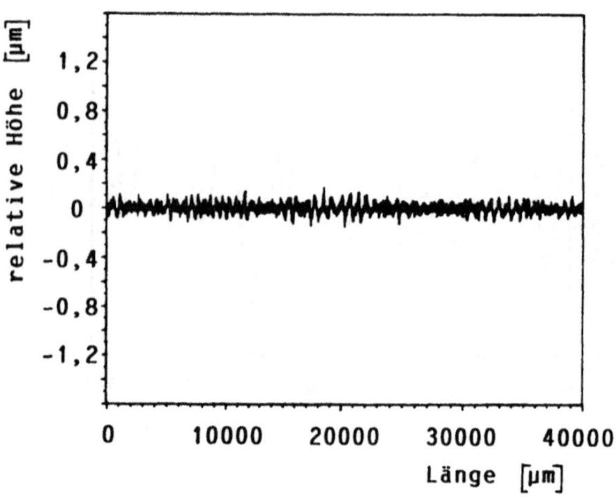

Abb. 7.19: Feinstruktur Probe 3 weiß

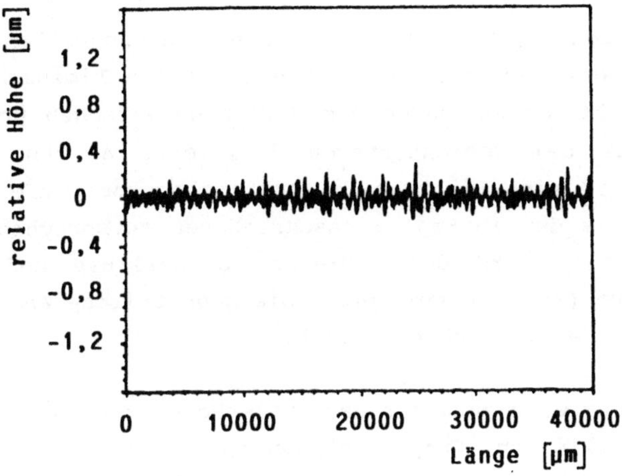

Abb. 7.20: Feinstruktur Probe 5 weiß

8. Entwicklung eines Simulationsmodelles zur Berechnung des physiologischen Eindruckes der Oberflächenstruktur

8.1 Weg der Simulation

Die Simulation geht aus von den Tastschnitten zur Beschreibung der Lackoberfläche. Die optischen Eigenschaften der Lackschicht werden durch das Reflexionsvermögen und die Remission aus dem Schichtinneren definiert. An der Lackoberfläche wird eine Lichtquelle gespiegelt, wobei die Daten der Lichtquelle den in Kap. 6 beschriebenen entsprechen. Das menschliche Auge wird durch Blende, Sammellinse und Projektionsschirm (Retina) simuliert. Die geometrische Anordnung wurde wie bei den Versuchen gewählt.

In der Rechnung wird zunächst das optische Muster auf dem die Retina darstellenden Projektionsschirm bestimmt. Es wird nicht die gesamte Struktur Punkt für Punkt abgebildet und dann mit der Ortsfrequenzkontrastempfindlichkeit korrigiert. Hierzu hätte man das Punktraster sehr eng nehmen müssen, was zu einem unzumutbar hohen und praktisch nicht durchführbaren Rechenaufwand geführt hätte. Außerdem wären die optisch unterschiedlichen Phänomene Strukturempfindung und Glanz nicht zum Ausdruck gekommen.

Die Struktur wird daher in Grob- und Feinstruktur getrennt. Nach der in Abb. 4.9 wiedergegebenen Kurve für die Kontrastempfindlichkeit ist die Grenze nicht scharf, insofern bedeutet diese Unterteilung eine Annäherung an die wirklichen Verhältnisse. Es zeigt sich aber, daß sowohl die aus der Feinstruktur errechnete Reflexionsstreukeule als der (s-St)-Wert der Grobstruktur relativ unempfindlich sind gegenüber geringen Verschiebungen der Trennung zwischen Grob- und Feinstruktur. Dieses Muster läßt sich dann durch Berücksichtigung der spektralen Verteilungen von Lichtquelle, Reflexion, Remission, Augenempfindlichkeit und der menschlichen Ortsfrequenzkontrastempfindlichkeit korrigieren.

Die so erhaltenen Leuchtdichteunterschiede werden statistisch ausgewertet und ein Δ L gebildet. Diese Leuchtdichtedifferenz wird in Beziehung gesetzt zur mittleren Leuchtdichte im Innern des reflektierten Bildes der Lichtquelle. Als Maßzahl für den physiologischen Eindruck erhält man dann

$$S_o = c \cdot \frac{\Delta L}{L}$$

Die für die einzelnen lackierten Proben so erhaltenen Maßzahlen werden dann zur Prüfung mit den in Kap. 6 ermittelten Maßzahlen verglichen und ihre Korrelation bestimmt.

8.2 Geometrie der Anordnung zur Simulationsrechnung

Die in der Rechnung benützte geometrische Anordnung wurde nach den Daten der in Kap. 6 beschriebenen experimentellen Anordnung gewählt (s. Abb. 6.6). Zur Vereinfachung wurde jedoch der Winkel zwischen Lichtquelle-Probe u. Probe-Auge gleich Null gesetzt. Der hierdurch verursachte Fehler ist minimal, da das Reflexionsvermögen der Lackoberfläche bei kleinen Winkeln von der Senkrechten praktisch konstant ist. Alle in das Modell eingegebenen Daten können verändert werden, so daß auch andere geometrische Verhältnisse, z.B. kürzerer Beobachtungsabstand, berechnet werden können.

Für die Daten des menschlichen Auges werden eingesetzt:

Brennweite im Auge 23 mm
Blendenöffnung (Pupille) 2 - 8 mm
Auflösung 1 min.

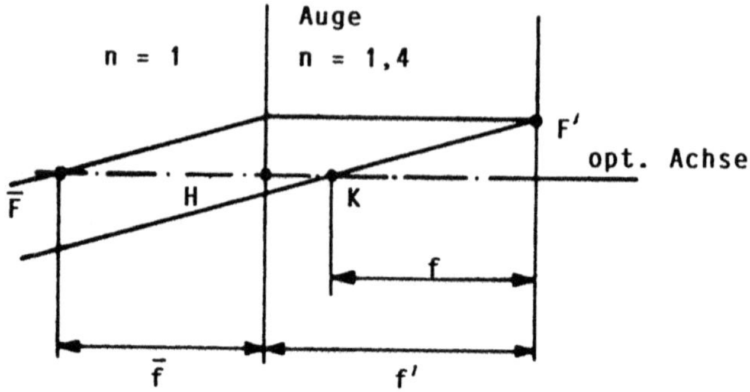

Abb. 8.1: Abbildung eines Parallelstrahlbündels durch das Auge (nach Korn [33])

F̄: vorderer Brennpunkt

F': hinterer Brennpunkt

H: Hauptpunkt

K: Knotenpunkt

n: Brechungsindex

Der notwendige räumliche Abstand der zu berechnenden Helligkeitswerte auf der Retina läßt sich leicht abschätzen.

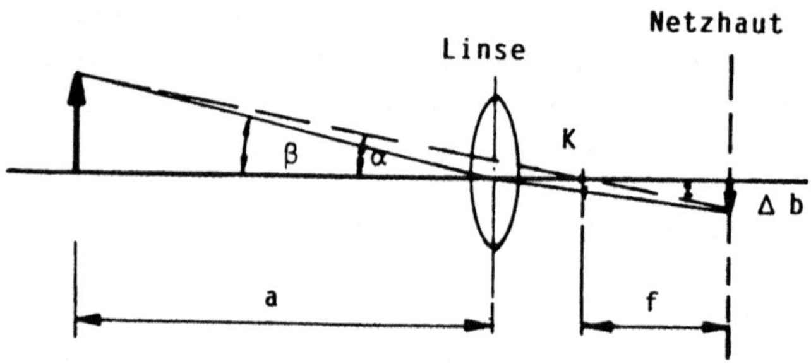

Abb. 8.2: Diskretisierung der Retina in einzelne Bildpunkte

Bei großer Entfernung a sind die Winkel α und β praktisch gleich. β ist der Winkel, unter dem 2 benachbarte Punkte vom normalsichtigen Auge noch getrennt werden können. Er beträgt ca. 1 Bogenminute.

f = Abstand Knotenpunkt zu Retina, $\sim$ 17 mm

$$\Delta b = 2 f \operatorname{tg} \frac{\alpha}{2} \approx 5 \mu m$$

Das entspricht etwa dem Durchmesser eines Zapfens der retinalen Rezeptorschicht.

Die Rechnung muß also so durchgeführt werden, daß alle 5 µm ein Bildpunkt auf der Retina bestimmt wird. Umgekehrt kann dann aus der geometrischen Anordnung bestimmt werden, in welchem Abstand Punkte auf den Proben berechnet werden müssen.

Der Strahlengang des Lichtes wurde so gewählt, wie er sich bei Fokussierung des Auges auf die Mattscheibe der Lichtquelle ergibt.

8.3 Reflexion und Remission der Lackschicht

Das Reflexionsvermögen wurde aus den Brechungsindizes der Bindemittel der verwendeten Lacke errechnet nach Fresnel.

$$R_s = \left(\frac{n-1}{n+1}\right)^2$$

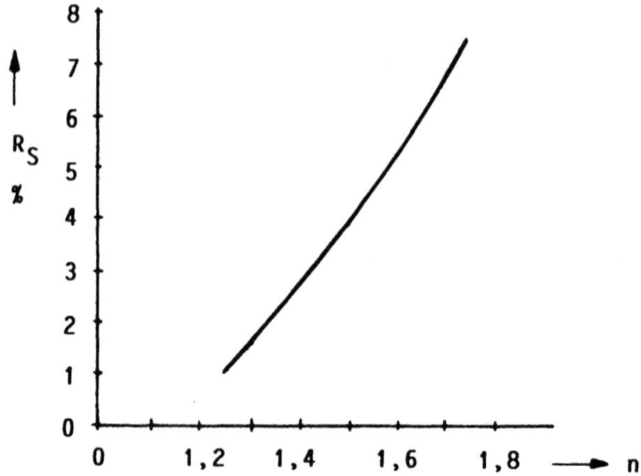

Abb. 8.3: Abhängigkeit des Reflexionsvermögens vom Brechungsindex

Die Brechungsindizes wurden im Institut für Mineralogie an der Universität Stuttgart (Prof. K. Walenta) nach dem Immersionsverfahren ermittelt. Hierbei wird ein Stück freien Filmes des jeweiligen Bindemittelauszuges unter dem Mikroskop in verschiedene Flüssigkeitsgemische mit definierten abgestuften Brechungsindizes eingetaucht. (Abstufungen 0,004). Die Bestimmung beruht darauf, daß die Kontur des transparenten Festkörpers in dem Gemisch verschwindet, das den Brechungsindex des untersuchten Materials besitzt. Eine Genauigkeitssteigerung auf eine Fehlergrenze von ± 0,002 Einheiten läßt sich durch Auswertung charakteristischer Dispersionsfarben im Grenzbereich erreichen.

Das Remissionsvermögen der drei verschiedenen Lackfarben wurde mit dem Farbmeßgerät DMC 26 der Fa. Zeiss mit der Meßgeometrie 8° diffus, unter Ausschluß des Oberflächenglanzes gemessen.

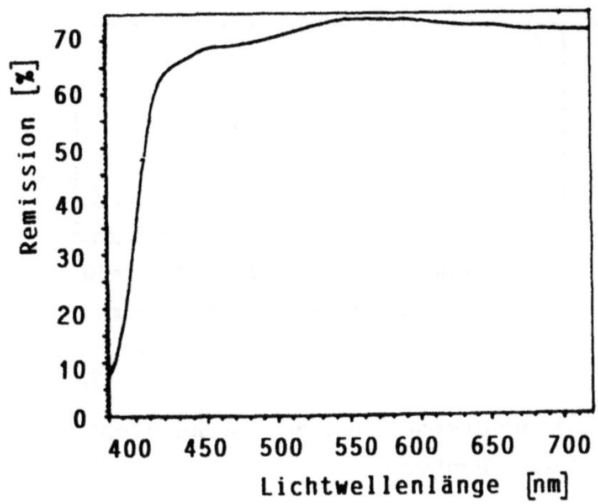

Abb. 8.4: Remissionsvermögen aus der Lackschicht der weißen Proben

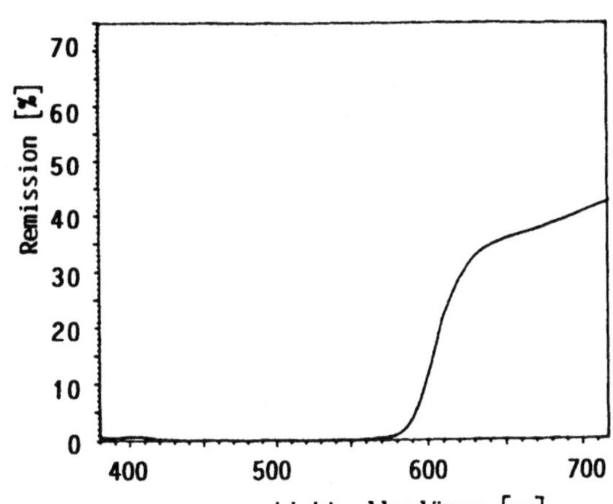

Abb. 8.5: Remissionsvermögen aus der Lackschicht der roten Proben

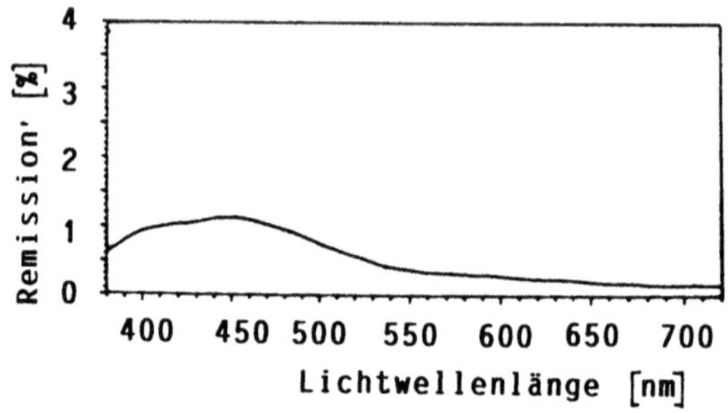

Abb. 8.6: Remissionsvermögen aus der Lackschicht der blauen Proben

Die in Abb. 6.8 aufgeführten gemessenen Leuchtdichten zeigen, daß bei den Lichtverhältnissen des Versuchs die Intensität der Remission aus der Lackschicht (Umfeld Probe) selbst bei Weiß um Größenordnungen kleiner ist als die Intensität im Lichtfleck. Dies läßt sich durch eine einfache Rechnung nachvollziehen.

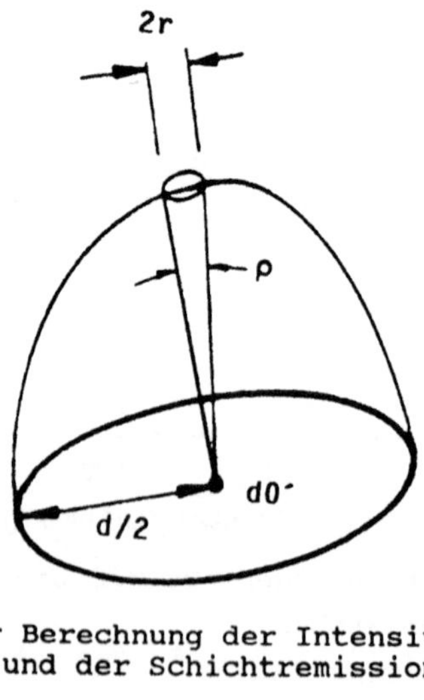

Abb. 8.7: Skizze zur Berechnung der Intensitäten der Reflexion und der Schichtremission

Auf das Flächenelement d0 falle die Lichtintensität J_O. Das Licht wird teilweise reflektiert, teilweise aus der Schicht remittiert. Wegen der Feinstruktur der Lackschicht wird der reflektierte Strahl aufgefächert. Auf der Halbkugel mit dem Durchmesser d schneidet er eine Fläche

$$O = \pi r^2$$ aus.

Es ist $$\frac{2r}{d/2} = \operatorname{tg} \rho \approx \rho \quad ; \qquad r = \frac{\rho \cdot d}{4}$$

ρ ist ein Raumwinkel. Der in Kap. 8.4 berechnete Streuwinkel ist umzurechnen durch

$$\rho = \Omega \, \frac{2\pi}{360}$$

$$O = \pi \left(\frac{\pi \, \Omega \, d}{360 * 2} \right)^2$$

Die Intensität pro Flächeneinheit ergibt sich damit für die Reflexion zu

$$J_S = \frac{R_S * J_O}{O}$$

R_S= Reflexionsvermögen

Die aus der Schicht remittierte Strahlung geht nach Lambert in den gesamten Halbraum. In der Senkrechten beträgt die Intensität

$$J_R = 2 \, \frac{R_R * J_O}{O_{Halbkugel}} = \frac{4 \, R_R * J_O}{\pi \, d^2}$$

R_R = Rückstrahlvermögen der Remission

Mit den Werten Ω = 0,8° (s. Kap. 8.4), R_S = 0,04, R_R = 0,9 (Wert für sehr helles Weiß) u. $\frac{d}{2}$ = 3 m (wie in der Versuchsanordnung) erhält man

$$J_S = 29,0 * J_0$$

$$J_R = 0,032 * J_0$$

$$J_R/J_S \approx 1 * 10^{-3}$$

Dies ist die gleiche Größenordnung, wie sie im Versuch gemessen wurde.

In der Simulationsrechnung kann daher der Einfluß der Remission aus der Schicht vernachlässigt werden. Er macht sich erst bei der Beurteilung der Lackstruktur bei diffuser Zusatzbeleuchtung bemerkbar.

8.4 Berechnung der Reflexionskeule aus der Feinstruktur

Durch die Reflexion an der Feinstruktur wird der Lichtstrahl aufgefächert. Es entsteht die vom Auge nicht mehr auflösbare Streureflexion (Kap. 5.2). Sie führt zu einer Aufhellung der Schattenstellen des durch die Grobstruktur erzeugten Hell-Dunkel-Musters und zu einer Abschwächung der hellen Stellen. Die Unterschiede werden kleiner und führen so zu einer schwächeren Wahrnehmung der Oberflächenstruktur (Abb. 5.6). Außerdem vermindert sie den empfundenen Glanz und führt zu einer Verminderung der Leuchtdichte im Innern des Bildes der Lichtquelle.

Porteus und Bennett [26] haben eine Formel angegeben zur Berechnung des Reflexionsvermögens bei Vorliegen einer Feinstruktur:

$$R = R_o \exp\left\{-\left(\frac{4\pi\sigma}{\lambda}\right)^2\right\} + R_o \frac{2^5\pi^4}{m^2}\left(\frac{\sigma}{\lambda}\right)^4 \left(\Delta\theta\right)^2$$

Hierin bedeuten

R = Reflectance
R = Reflectance from an optically smooth surface
σ = root mean sqare roughness
λ = wavelength of light
m = root mean sqare slope of the profile of the surface
$\Delta\theta$ = instrumental acceptance angle

Diese Formel, welche die Abnahme des Reflexionsvermögens mit der Struktur in guter Übereinstimmung mit Messungen wiedergibt [27], ist für die hier durchzuführende Rechnung nicht geeignet. Zur Wiedergabe der Helligkeitsverteilung auf der Retina muß die räumliche Verteilung der Streureflexion bekannt sein. Diese Verteilung wird als Streukeule bezeichnet.

Zur Berechnung der Streukeule wird die Feinstruktur in kleine gleich große Abschnitte der Breite Δx_n aufgeteilt.

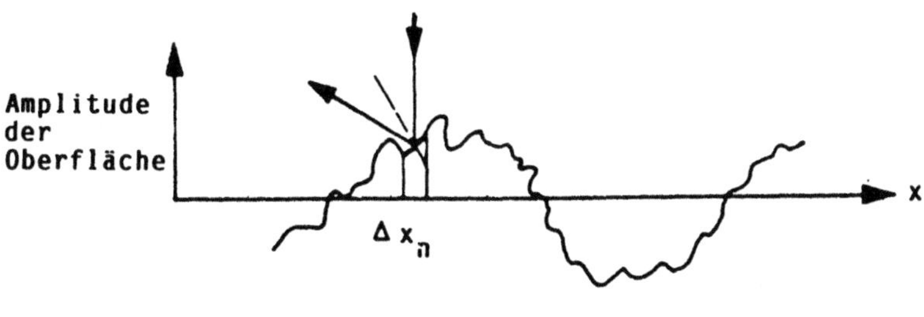

Abb. 8.8: Zerlegung der Feinstruktur in Abschnitte Δx_n. Die Struktur ist stark überhöht gezeichnet. In Wirklichkeit liegen die Steigungswinkel unter 10° (s. die Tastschnitte).

Die Meßstrecke von 40 mm Länge ist in 8.000 Meßpunkte eingeteilt. Das ergibt ein Δx_n von 5 μm. Bezeichnet man einen Meßpunkt mit A (i), 1<i<8.000, so erhält man für den Steigungswinkel von Δx_i

$$\delta_i = \text{arc tg} \left\{ \frac{A(i+1) - A(i-1)}{2\,\Delta x_i} \right\}$$

An den beiden Randpunkten wurde gesetzt:

$$\delta_1 = \text{arc tg} \left\{ \frac{A(2) - A(1)}{\Delta x_1} \right\} , \qquad \delta_{8000} = \text{arc tg} \left\{ \frac{A(8000) - A(7999)}{\Delta x_{8000}} \right\}$$

Die erhaltenen Steigungswinkel liegen bei der Feinstruktur unter 10°, bei der Grobstruktur unter 1°.
Die Reflexionswinkel Ω bei senkrechtem Lichteinfall ergeben sich als das zweifache des Steigungswinkels.

Alle Abstrahlwinkel Ω werden einer von 9 Klassen im Bereich von - 0,5° bis + 0,5° zugeordnet und deren Häufigkeit bestimmt. Die so erhaltene Häufigkeitsverteilung wird sehr gut durch die Gauss-Verteilung wiedergegeben. Die Stärke der Lichtabstrahlung in den Winkel Ω entspricht der Häufigkeitsverteilung.

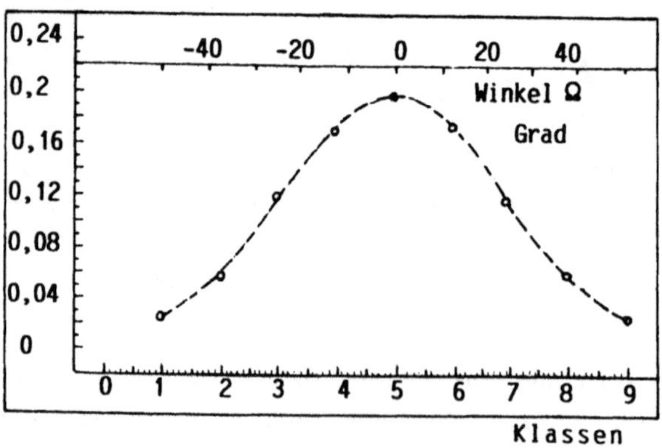

Abb. 8.9: Häufigkeitsverteilung der Abstrahlwinkel

Für die Verteilung der Streureflexion erhält man

$$J(\Omega) = J_o \exp\left\{ -\left(\frac{\Omega}{\sqrt{2}\,\sigma}\right)^2 \right\}$$

J_o = Intensität in senkrechter Richtung (Ω= 0) = Hauptreflexionsrichtung

Ω = Abstrahlwinkel, gegen die Hauptreflexionsrichtung nach positiven und negativen Werten gemessen

σ = Standardabweichung der Gaußverteilung

Zur Standardisierung wird die Gaußkurve normiert auf die Fläche Eins unter der Kurve mit dem Maximum bei Ω = 0. Dies ist notwendig, da unabhängig von der Verteilung die eingestrahlte Lichtenergie gleich der abgestrahlten sein muß.
Bei der Streukeule handelt es sich um ein relatives Maß.
Damit erhält man

$$J(\Omega) = \frac{1}{\sqrt{2\pi}\cdot\sigma} \exp\left\{ -\left(\frac{\Omega}{\sqrt{2}\,\sigma}\right)^2 \right\}, \quad \int J(\Omega)\, d\Omega = 1$$

Je nach Standardabweichung σ der Verteilung der Abstrahlwinkel Ω erhält man nachfolgend wiedergegebene Streukeulen:

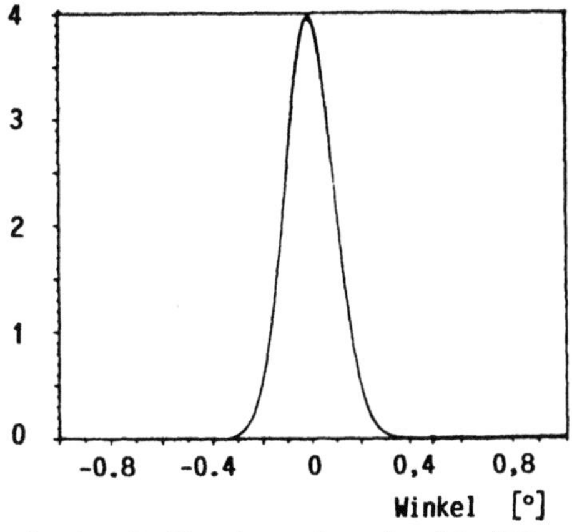

Abb. 8.10: Normierte Reflexionsstreukeule der Feinstruktur. σ = 0,1°

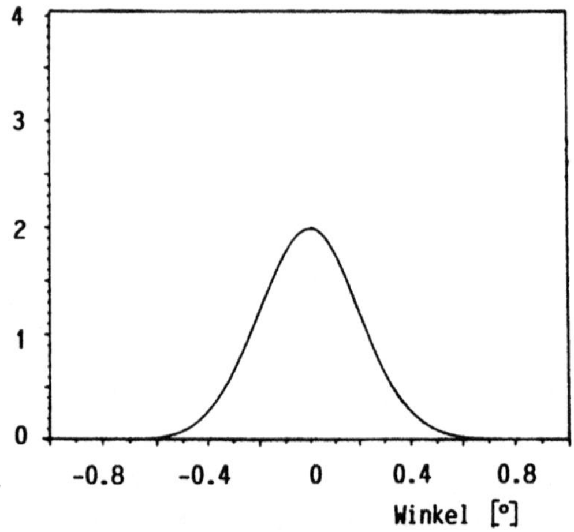

Abb. 8.11: Normierte Reflexionsstreukeule der Feinstruktur σ = 0,2°

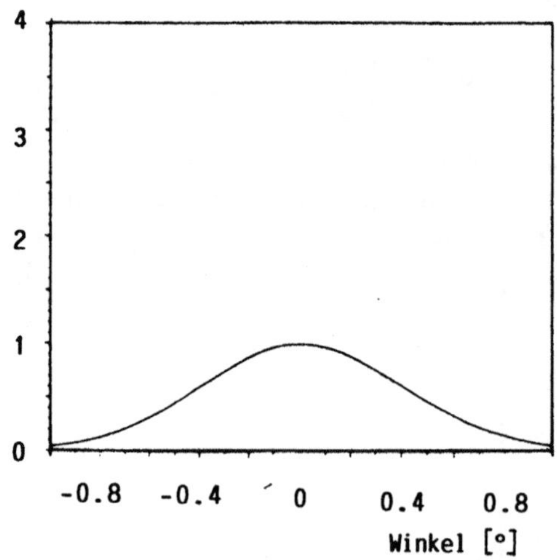

Abb. 8.12: Normierte Reflexionsstreukeule der Feinstruktur σ = 0,4°

8.5 Bestimmung des in der Lackoberfläche gespiegelten Bildes der Lichtquelle auf der Retina des Auges

Für die Berechnung der Intensitätsverteilung auf der Netzhaut bei Fokussierung des Auges auf die Lichtquelle liegen nun die notwendigen Daten vor:

Die Grobstruktur des Tastschnittes der Oberfläche

Die Reflexionsstreukeule, berechnet aus der Feinstruktur

Das Reflexionsvermögen der Lackoberfläche

Die Remission aus dem Innern der Lackschicht

Größe und Abstrahlcharakteristik der Lichtquelle

Die geometrische Anordnung (wie beim Experiment)

Die optischen Parameter des Auges

Die Korrektur der Ortsfrequenzkontrastempfindlichkeit wird später eingeführt.

Die Grobstruktur wird idealisiert als Kette von 8.000 Einzelspiegeln. Für jeden dieser Einzelspiegel wird das (Spiegel-)Bild der Lichtquelle berechnet.

Da das Auge auf die Mattscheibe der Lichtquelle fokussiert, läßt sich die Mattscheibe mit Hilfe ihres Bildes entsprechend der Diskretisierung der Netzhaut in Abschnitte einteilen, aus denen das Licht auf einen Rezeptor der Retina fällt.

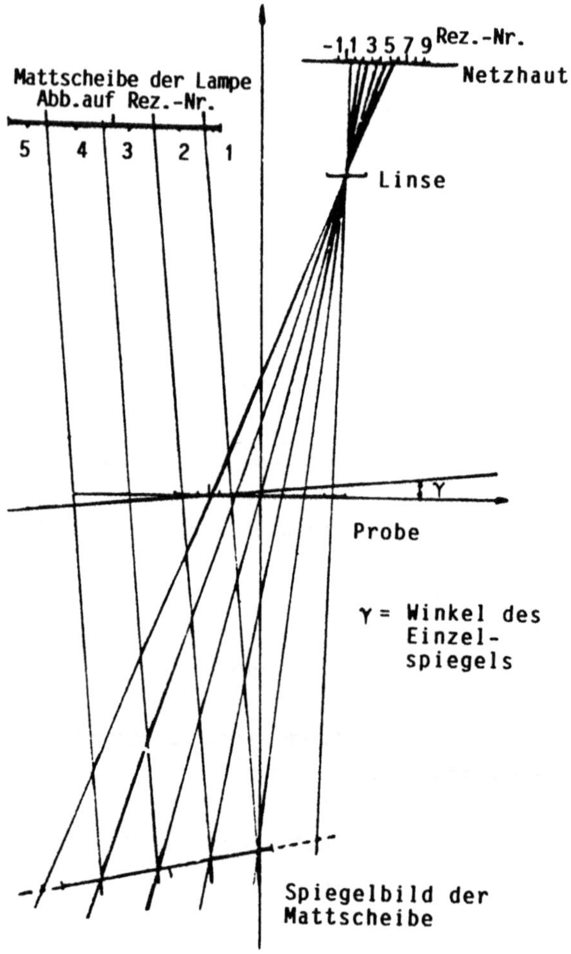

Abb. 8.13: Skizze zur Diskretisierung der Mattscheibe der Lichtquelle

Für jeden der berechneten Abschnitte der Mattscheibe wird mit Hilfe der in Kap. 6 gemessenen Abstrahlcharakteristik der Lampe die auf jeden Einzelspiegel fallende Lichtintensität berechnet.

$$J_i = J_O \, \Delta x \int_{\epsilon_1}^{\epsilon_2} (\cos\epsilon)^{0,7} \, d\epsilon$$

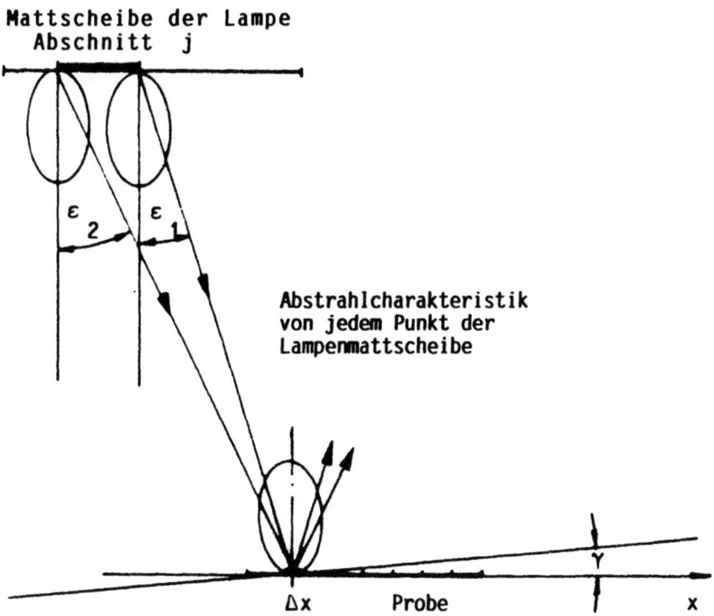

Abb. 8.14: Skizze zur Berechnung der Lichtmenge L_i

Die Feinstruktur der Oberfläche streut das an den Einzelspiegeln reflektierte Licht. Dies führt dazu, daß die von einem Einzelspiegel direkt ins Auge reflektierte Lichtmenge verkleinert wird. Andererseits fällt ein Teil des Lichtes von Mattscheibenabschnitten und Einzelspiegeln, deren reflektierter Strahl die Pupille nicht trifft, ins Auge und aktiviert den der Lage entsprechenden Rezeptor der Retina. Die Verteilung der Streureflexion I (Ω) ist in Kap. 8.4 bestimmt worden.

Für die auf einen Rezeptor fallende Lichtintensität erhält man

$$J_{St} = J_i \int_{\Omega_1}^{\Omega_2} J(\Omega)\, d\Omega$$

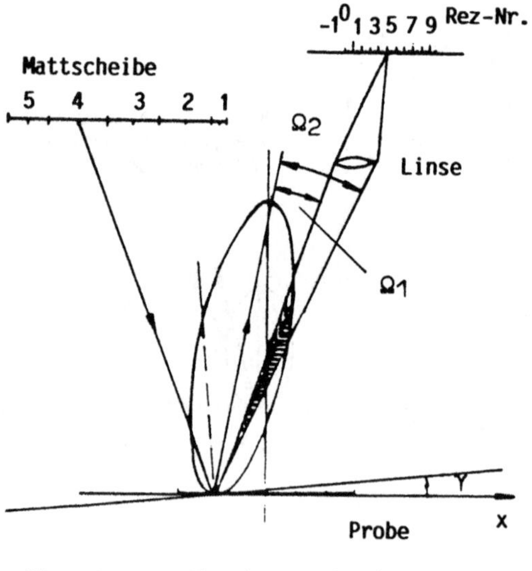

Abb. 8.15: Durch die Streureflexion auf einen Rezeptor fallende Lichtmenge

Die so berechneten Intensitäten sind zweidimensional berechnet. Sie entsprechen der Lichtmenge, die auf eine Fläche, gebildet aus dem Bogenabschnitt des Winkels (Ω_2 - Ω_1) und der Breite 1 fällt. In Wirklichkeit haben wir es mit einer dreidimensionalen Struktur der Lackoberfläche und mit der Ausstrahlung des Lichtes in einen Raumwinkel zu tun. Ist a der Abstand von Probenoberfläche zum Auge, $\Omega_o = \Omega_2 - \Omega_1$ der Abstrahlwinkel und l die Bogenlänge im Abstand a, so gilt im zweidimensionalen Fall

$$\Omega = \frac{l}{2\pi a}$$

im dreidimensionalen Fall

$$\Omega = \frac{\pi/4 \; l^2}{\pi a^2}$$

Da es in dieser Rechnung nur auf relative Werte ankommt, genügt es, die Dreidimensionalität durch Quadrieren der Intensitäten zu berücksichtigen.

Mit diesem Instrumentarium läßt sich das in der Lackoberfläche gespiegelte Bild der Lichtquelle auf der Retina des Auges berechnen. In den folgenden Bildern werden exemplarische Beispiele für unterschiedliche Lackoberflächen gezeigt.

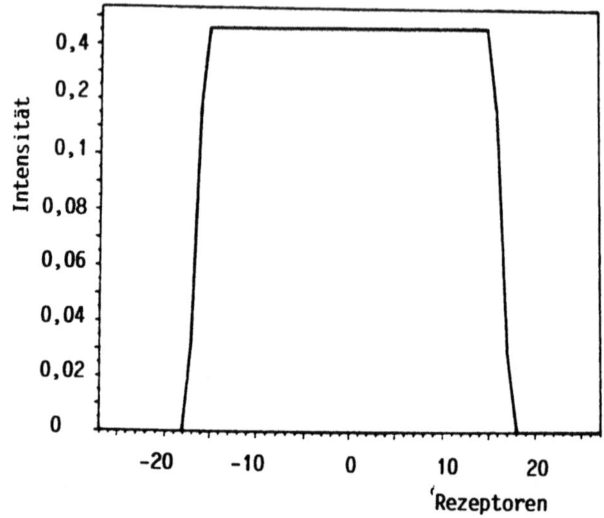

Abb. 8.16: Bild einer völlig ebenen Lackoberfläche ohne Feinstruktur

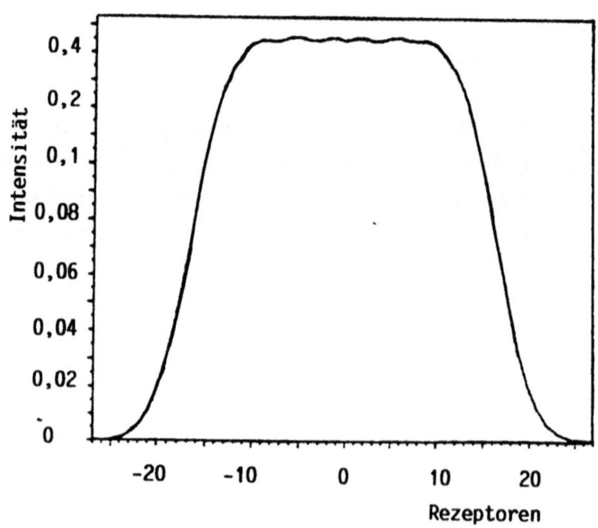

Abb. 8.17: Bild einer ebenen Lackoberfläche mit sehr geringer Feinstruktur (σ = 0,1°)

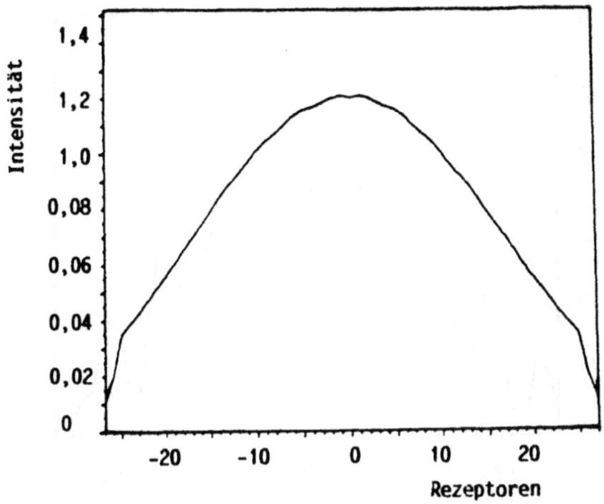

Abb. 8.18: Bild einer ebenen Lackoberfläche mit starker Feinstruktur (σ = 0,4°)

Durch die Feinstruktur wird die scharfe Begrenzung des Spiegelbildes abgeflacht. Die Leuchtdichte des reflektierten Lichtes sinkt. Dies ist die Erklärung der in Abb. 6.8 angeführten Meßergebnisse, nach denen die Leuchtdichte des Lichtfleckes für Weiß kleiner ist als für die Farben Rot und Blau. Die Feinstruktur der weißen Proben liegt erheblich höher.

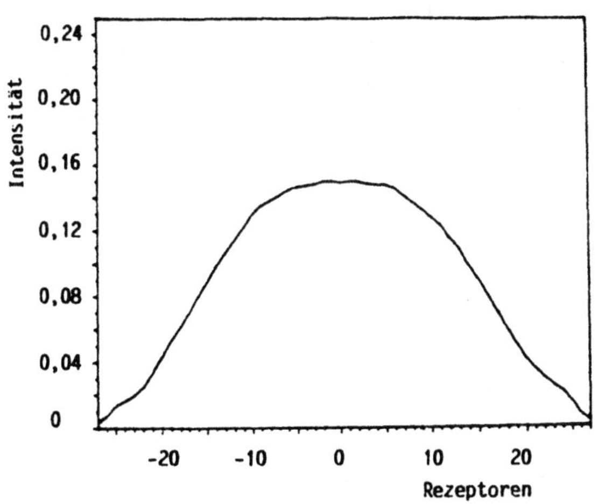

Abb. 8.19: Bild der Probe 1, blau, geringe Grobstruktur

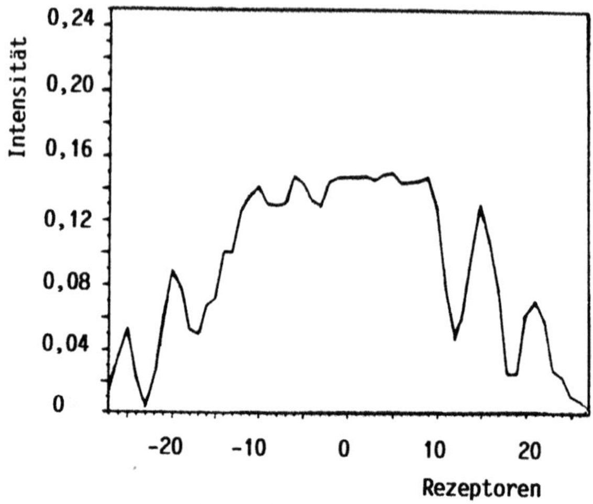

Abb. 8.20: Bild der Probe 5, blau
starke Grobstruktur

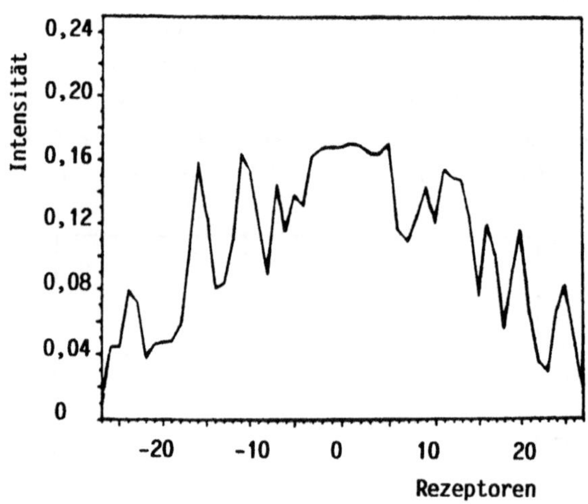

Bild 8.21: Bild der Probe 5, weiß
sehr starke Grobstruktur

Durch die Grobstruktur der Lackoberfläche wird das Spiegelbild der Lichtquelle vom Rand her ausgehend in helle und dunklere Bezirke aufgelöst, es entsteht das typische Hell-Dunkel-Muster.

8.6 Berücksichtigung der optischen Eigenschaften des menschlichen Auges

Bisher wurde weder die spektrale Hellempfindlichkeit noch die Ortsfrequenzempfindlichkeit des Auges in die Rechnung eingeführt. Das soll jetzt geschehen. Das Wellenlängenspektrum der verwendeten Lichtquelle ist in Abb. 6.5 wiedergegeben. Dieses sei mit $S_L(\lambda)$ bezeichnet. In Abb. 4.4 ist die Funktion der Hellempfindlichkeit $V(\lambda)$ angegeben. Die Werte für die Lichtintensitäten auf den Rezeptoren sind mit einem Korrekturfaktor

$$k = \int S_L(\lambda) \cdot V(\lambda) \, d\lambda$$

zu multiplizieren. Da die Untersuchungen alle mit der gleichen Lichtquelle durchgeführt wurden, ist der Faktor für alle Werte gleich. Da später nur relative Werte verglichen werden, kann dieser Faktor unberücksichtigt bleiben. Anders ist es, wenn Beobachtungen bei sehr unterschiedlichen Beleuchtungen, z.B. bei rotem und grünem Licht verglichen werden sollen.

Die durch die Simulation errechneten Lichtintensitätsverteilungen auf der Retina enthalten ein Ortsspektrum unterschiedlicher Frequenzen. D. h., die Maxima und Minima der Intensitäten sind ungleich verteilt. Um die Ortsfrequenzempfindlichkeit des Auges zu berücksichtigen, werden durch Fouriertransformation der Intensitätsverteilungen deren Ortsfrequenzen bestimmt. Die einzelnen Ortsfrequenzen werden dann entsprechend der in Abb. 4.9 wiedergegebenen Kontrastempfindlichkeitskurve gewichtet. Nach Rücktransformation in Amplituden über Ort entsteht dann die vom Sehapparat empfundene Intensitätsverteilung.

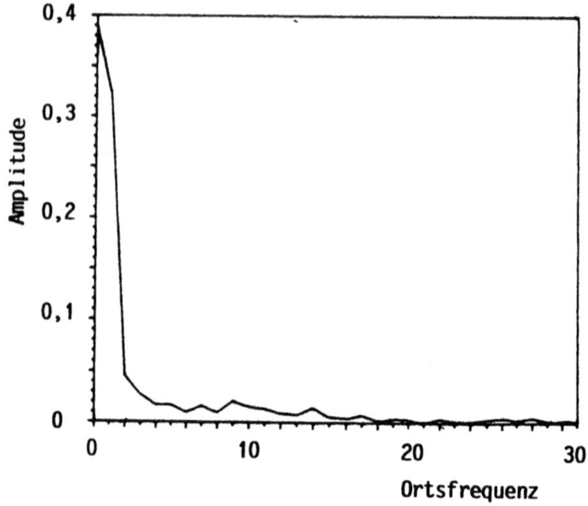

Abb. 8.22: Amplituden der Ortsfrequenzen der nach Kap. 8.5 errechneteten Intensitäten (Probe weiß 4)

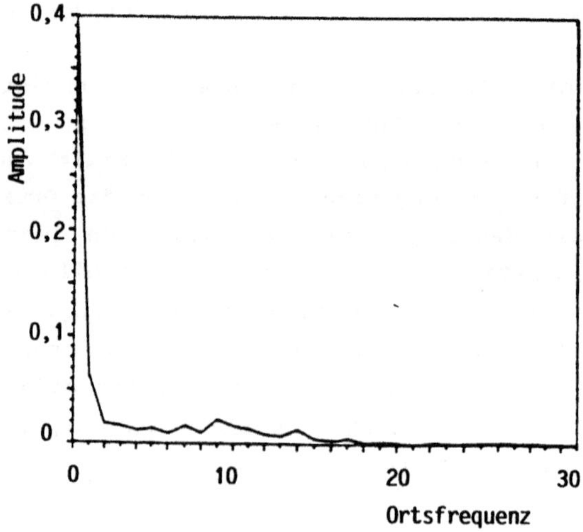

Abb. 8.23: Mit ortsfrequenzabhängiger Kontrastempfindlichkeit bewertete Frequenzamplituden der Abb. 8.22 (Probe weiß 4)

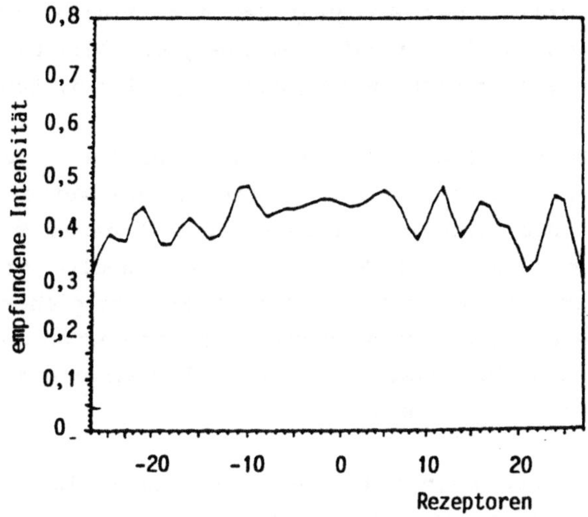

Abb. 8.24: Die empfundene Intensitätsverteilung (Probe weiß 4)

8.7 Bildung einer Maßzahl für den Eindruck der Oberflächenstruktur

Die Empfindungsstärke für den Kontrast zwischen den hellen und dunkleren Bezirken und damit für die Struktur der Oberfläche wird durch

$$S_o = c \frac{\Delta L}{L}$$

angegeben (siehe Kap. 4.2.3)

Die örtlichen Unterschiede der Intensitäten in der berechneten Intensitätsverteilung auf der Retina schwanken. Zur Auswertung könnte man den Mittelwert der Intensitätsdifferenzen bestimmen und diesen als ΔL in die obige Formel einsetzen. Da das Auge nicht still auf einer Stelle verweilt, sondern durch eine mehr oder weniger willkürliche Bewegung den Lichtfleck über die Probe wandern läßt, werden größere Differenzen stärker wahrgenommen als schwache.

Die Schnelligkeit der Bewegung des Lichtfleckes wird dabei unwillkürlich so eingestellt, daß die größtmögliche Kontrastempfindlichkeit erreicht wird (siehe Kap. 4.2.5, Abb. 4.10).

Um diesem Umstand Rechnung zu tragen, wird die Verteilung der Einzelintensitätsunterschiede bestimmt. Die Verteilung wird durch eine Gaußverteilung angenähert und deren Standardabweichung errechnet. Der Wert für die doppelte Standardabweichung wird als ΔL-Wert genommen. Damit ist sichergestellt, daß etwaige Ausreißer nicht berücksichtigt werden. Sonst hätte man einfach den jeweils größten Differenzwert der Einzelintensitäten nehmen können.

Die Leuchtdichte L im Spiegelbild der Lampe ist durch einfache Integration der Intensitätsverteilung auf der Retina, wie sie durch die "Feinstruktur" hervorgerufen wird, zu bestimmen. Die durch die Grobstruktur hervorgerufenen Minima und Maxima schwanken um das Bild der Feinstruktur, heben sich also im Mittel gegenseitig auf.

Dies entspricht der Bestimmung der Leuchtdichte auf einem Streifen quer über das runde Spiegelbild, sie ist wegen der Symmetrie identisch mit der mittleren Leuchtdichte im gesamten Spiegelbild. Die Integration wird vor der Korrektur mit der Ortsfrequenzempfindlichkeit des Auges vorgenommen, da diese für die Leuchtdichteempfindung keine Rolle spielt.

Damit sind wir in der Lage, für jede Probe eine Maßzahl

$$S_o = c \frac{\Delta L}{L}$$

für den optisch-physiologischen Eindruck der Oberflächenstruktur zu bilden. Der Faktor c wird so bestimmt, daß S_o möglichst genau mit der in Kap. 6.2 ermittelten Beobachternote N übereinstimmt.

Da es nur auf das Verhältnis ΔL zu L ankommt, kann die gesamte Simulationsrechnung mit relativen Werten durchgeführt werden. Eine Berechnung der absoluten Helligkeiten in cd/m² ist nicht notwendig.

8.8 Gesamtdarstellung der Simulationsrechnung

Zum besseren Verständnis sei der Gang der Simulationsrechnung nochmals in einer graphischen Darstellung wiederholt:

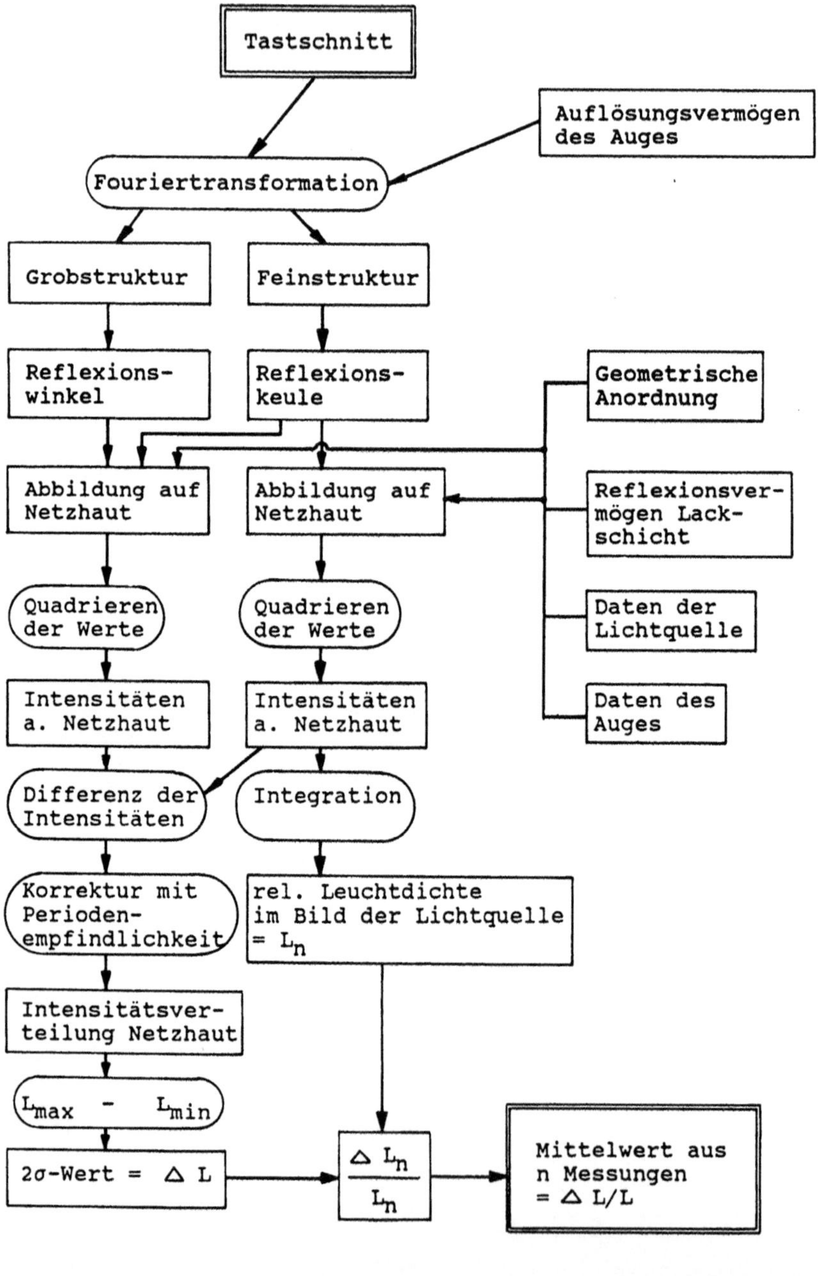

9. Korrelation zwischen Beobachterbeurteilung und berechneten Werten

9.1 Vergleich der Beobachterbeurteilung mit der Topographie der Oberfläche

Die Berechnung des optischen Struktureindruckes geht aus von den Tastschnitten als Beschreibung der Lackoberfläche. Hierbei wird das störende Muster von der Grobstruktur, d.h. den vom Auge auflösbaren Leuchtdichteunterschieden, hervorgerufen. Es ist daher interessant zu untersuchen, wie weit die Grobstruktur der Oberfläche schon ein Maß für den optischen Eindruck abgibt. In Abb. 9.1 ist die gemessene Grobstruktur zur Beobachternote aufgetragen.

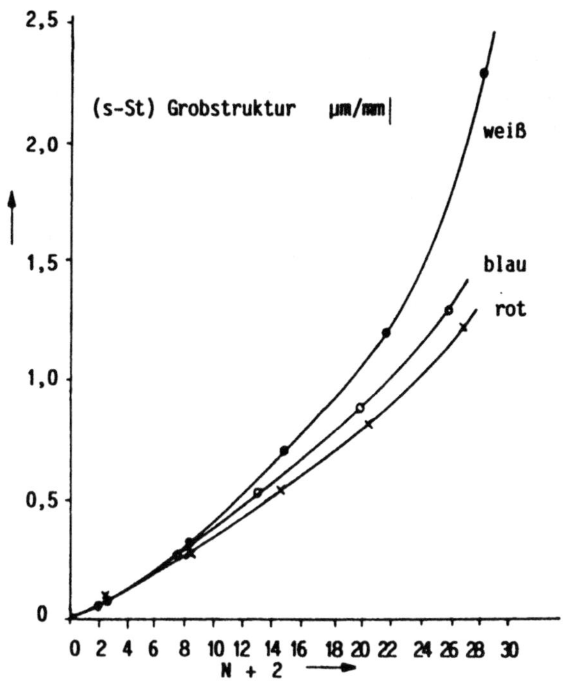

Abb. 9.1: Grobstruktur zur Beobachternote N

Als Maß für die Grobstruktur wurde der in Kap. 7.1 definierte (s-St)-Wert genommen. Für einen (s-St)-Wert gleich Null, d.h. eine ebene Oberfläche, muß sich auch eine Beobachternote Null ergeben. Da bei den Messungen (Kap. 6) die beste Probe willkürlich gleich Null gesetzt wurde, können die Noten um einen konstanten Betrag verschoben werden. Die Messung beinhaltet ja nur die Einordnung der Strukturen innerhalb zweier vorgegebener Grenzen. Besten Durchgang der Kurven durch den Nullpunkt erhält man für N + 2.

Die Abbildung zeigt, daß die gemessenen Strukturen einer Farbe auf stetigen Kurven liegen. Es besteht aber keine Deckung der verschiedenen Farben und keine Proportionalität zwischen (s-St)-Wert und Beobachternote.

Die Farbe spielt, wie gezeigt wurde, bei den gewählten Beobachtungsbedingungen keine Rolle, sondern die von der Feinstruktur bedingte Leuchtdichte im Spiegelbild der Lampe.

Es wurde daher vorgeschlagen [28], als Maß für den optischen Eindruck den Quotienten der Integrale der Fourierspektren von Grob- und Feinstruktur zu nehmen. Wie Abb. 9.2 zeigt, wird hiermit eine erste Annäherung erreicht. Jedoch liegen die Kurven für "weiß" und "blau" noch signifikant auseinander.
Die Meßpunkte streuen stark.

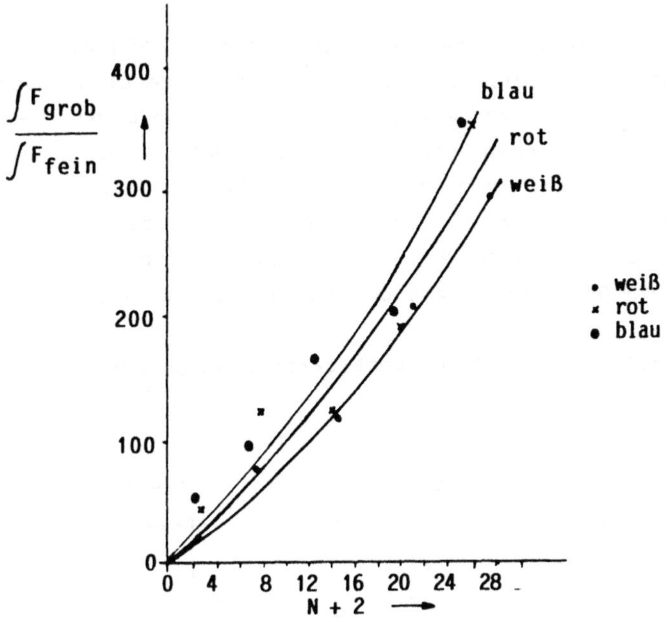

Abb. 9.2: Quotient aus den Integralen der Fourierspektren von Grob- und Feinstruktur zur Beobachternote

9.2 Korrelation der Beobachterbeurteilung mit den aus dem Simulationsmodell errechneten Werten

Als *Maß* für den optisch-physiologischen Eindruck wurde der Ausdruck

$$S_o = c \frac{\Delta L}{L}$$

gewählt. Hierin ist L die relative Leuchtdichte im Spiegelbild der Lampe.

Der Faktor c wird so gewählt, daß S_0 zahlenmäßig mit N übereinstimmt. Es handelt sich ja um eine relative Einordnung der Werte zwischen festvorgegebenen Grenzen. (N = 0 und N = 26). Diese Grenzen können ebenfalls verschoben werden, da sie willkürlich gewählt wurden. Die Probe "Weiß 1" wurde mit N = 0 festgesetzt. Da sie nicht völlig glatt ist, ist ihr in Wirklichkeit ein Wert N + x zuzuordnen. Der Wert für die Probe "Weiß 5" verschiebt sich dann auf N = 26 + x.

In Abb. 9.3 sind die Werte tabellarisch aufgelistet.

Probe	N	Δ L	L	Δ L/L
weiß 1	0	22,9	16,1	1,42
2	5,47	119,9	15,0	7,99
3	12,82	213,0	13,5	15,6
4	19,42	328,6	12,4	26,6
5	26,0	349,2	10,0	34,85
rot 1	0,65	89,0	19,0	4,68
2	5,78	225,1	18,1	12,62
3	12,05	255,4	17,3	14,8
(4)	18,10	(309,2)	(17,7)	(17,6)
4a	18,10	377,8	17,3	21,87
5	24,67	539,3	17,0	32,2
blau 1	0,22	68,6	19,6	3,51
2	4,90	176,5	19,3	9,19
3	10,85	244,4	19,1	12,85
4	17,65	382,0	17,3	22,14
5	23,63	547,3	17,7	31,02

Abb. 9.3: Tabelle der gemessenen und berechneten Werte.

Eine Korrelationsrechnung ergibt, daß sich die beste Übereinstimmung für

$$N_B = N + 2{,}11 \qquad C = 0{,}866$$

ergibt.

Die korrespondierenden Werte für N_B und S_o sind in der Tabelle der Abb. 9.4 wiedergegeben.

Probe	N_B	S_o
weiß 1	2,11	1,23
2	7,58	6,92
3	14,93	13,51
4	21,53	23,04
5	28,11	30,18
rot 1	2,76	4,05
2	7,89	10,93
3	14,16	12,82
4	20,21	(15,24)
4a	20,21	18,93
5	26,78	27,89
blau 1	2,33	3,04
2	7,01	7,96
3	12,96	11,13
4	19,76	19,17
5	25,74	26,86

Abb. 9.4: Tabelle der gemessenen Werte N_B und der berechneten Werte S_o.

Der Korrelationskoeffizient wurde zu $\varkappa = 0,972$ errechnet. Es besteht also eine gute Übereinstimmung zwischen gemessenen und berechneten Werten. Die gemessenen Werte N streuen (s. Abb. 6.14), ebenso die Werte der Tastschnittmessungen (s. Abb. 7.11). In die grafische Darstellung des Ergebnisses ist der Vertrauensbereich, berechnet aus der Standardabweichung der Messungen, grau schraffiert eingezeichnet.

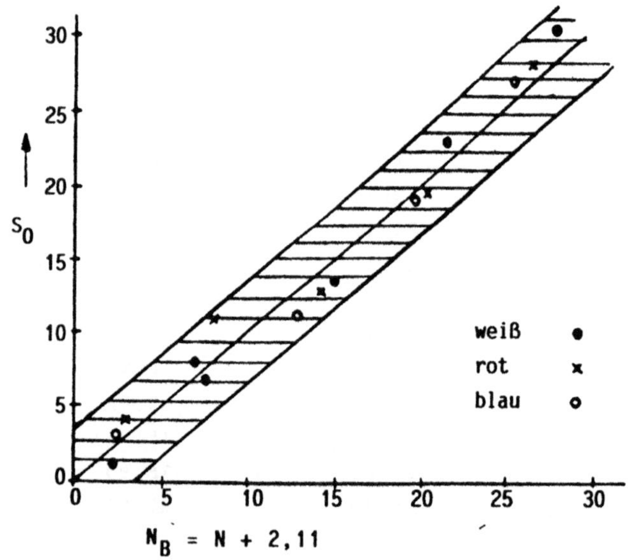

Abb. 9.5: Korrelation der gemessenen und der berechneten Werte für den optischen Eindruck der Lackstruktur

Damit ist gezeigt, daß die Simulationsrechnung, ausgehend von Tastschnitten der Oberfläche, die von einem Kollektiv empfundenen Struktureindrücke recht gut wiedergibt. Es gelingt, aus der Topografie der Lackoberfläche den optisch-physiologischen Eindruck einer Lackstruktur zu ermitteln.

10. Berechnung der Empfindungsstärke S_o bei geänderten Parametern

Das Rechenmodell setzt uns in die Lage, die Empfindungsstärke bei geänderten Beobachtungsverhältnissen oder bei anderen Glanzgraden der Lackoberfläche zu berechnen. In Kap. 3 sind hierzu qualitative Aussagen gemacht worden. Im folgenden soll die Empfindungsstärke in Abhängigkeit verschiedener Parameter berechnet werden.

10.1 Abhängigkeit der Empfindungsstärke von der Breite der Reflexionsstreukeule (Glanz)

Es ist schon mehrfach darauf hingewiesen worden, daß die Strukturempfindung vom Glanz der Lackoberfläche abhängt. Der Glanz wird in der Modellrechnung durch die Standardabweichung σ der durch eine Gauß-Verteilung angenäherten Reflexionsstreukeule dargestellt (s. Kap. 8.4). Alle anderen Parameter usw. sind konstant gehalten und die gleichen wie in Kap. 8 beschrieben. In der Abb. 10.1 ist die Abhängigkeit der Strukturempfindung von σ für eine Grobstruktur dargestellt, die etwa der Grobstruktur der Probe "weiß 5" entspricht.

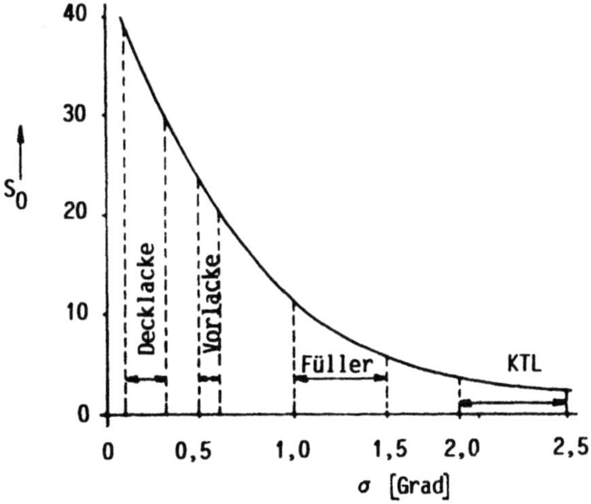

Abb. 10.1: Abhängigkeit der Empfindungsstärke S_o von der Standardabweichung σ der Reflexionsstreukeule

Durch Tastschnittmessungen wurden die Feinstrukturen verschiedener Lackarten, wie Füller und kathodischem Elektrotauchlack bestimmt und daraus die Reflexionsstreukeulen berechnet. Ihre entsprechenden Bereiche sind in das Diagramm 10.1 eingezeichnet. Die Kurve zeigt die in der Praxis zu beobachtende Abnahme der Strukturempfindung bzw. Strukturerkennbarkeit mit zunehmender Mattigkeit der Lackoberfläche sehr deutlich.

10.2 Abhängigkeit der Empfindungsstärke vom Abstand Auge - Probe

Geht man mit dem Auge sehr nahe an die Lackoberfläche, so werden die Konturen der gespiegelten Lampe immer schärfer, der Eindruck der Oberflächenstruktur wird schwächer. Erhöht man umgekehrt den Abstand vom Auge zur Lackoberfläche, so erscheint die Oberfläche matter und die Struktur verschwindet mit steigender Entfernung immer mehr.

Dies läßt sich mit der Modellrechnung nachvollziehen. Dabei ist berücksichtigt, daß das Auflösungsvermögen des Auges mit wachsender Entfernung schlechter wird. Das heißt, die Grenze zwischen Fein- und Grobstruktur verschiebt sich in Richtung Grobstruktur.

Das Spiegelbild der Lampe wird mit wachsender Entfernung natürlich kleiner. Die Abb. 10.2 bis 10.4 zeigen die Helligkeitsverteilung auf der Retina bei verschiedenen Beobachtungsabständen. Der Berechnung wurde wieder eine Struktur zugrundegelegt, die etwa der Probe "weiß 5" entspricht. Alle sonstigen Parameter sind wie in Kap. 8 beschrieben, insbesondere betrug die Entfernung Lampe - Probe wie dort 3 m.

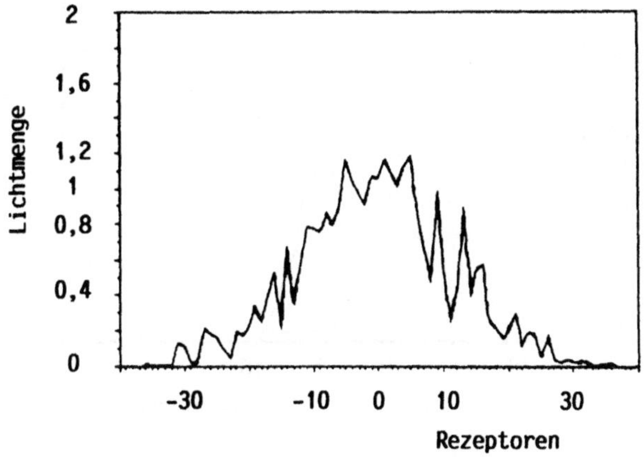

Abb. 10.2: Helligkeitsverteilung auf der Retina bei einem Beobachtungsabstand von 5 m

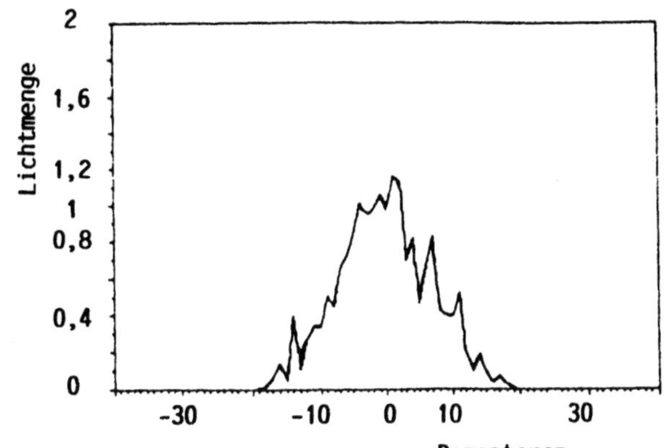

Abb. 10.3: Helligkeitsverteilung auf der Retina bei einem Beobachtungsabstand von 10 m

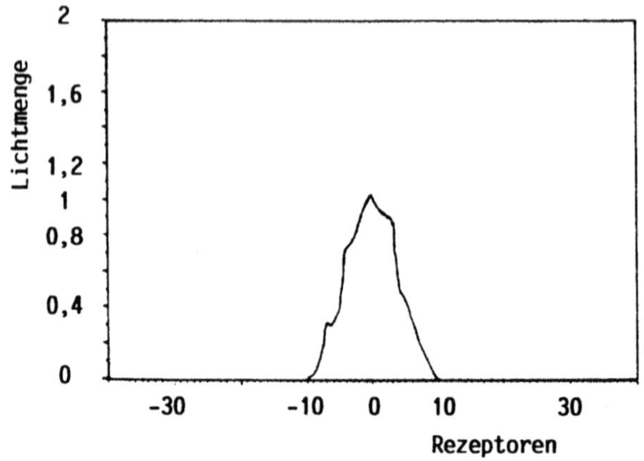

Abb. 10.4: Helligkeitsverteilung auf der Retina bei einem Beobachtungsabstand von 20 m

Die sich aus der Rechnung ergebende Abhängigkeit der Strukturempfindung S_o von der Beobachtungsentfernung ist in Abb. 10.5 wiedergegeben.

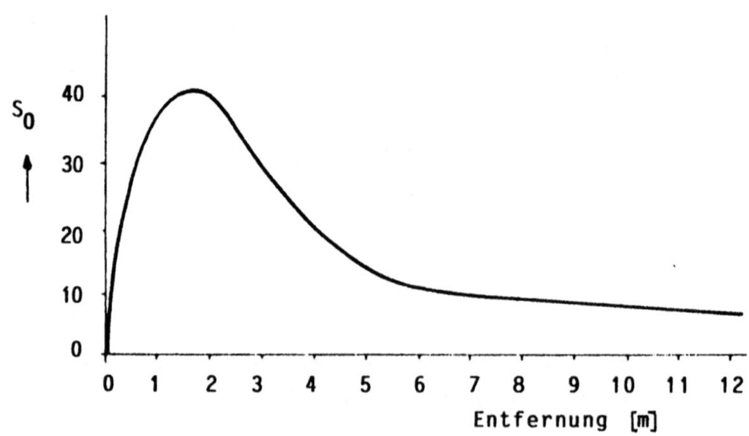

Abb. 10.5: Abhängigkeit der Strukturempfindung von der Beobachtungsentfernung

Die Kurve zeigt ein ausgeprägtes Maximum und niedrige Werte bei sehr kleiner oder sehr großer Entfernung. Hätten wir es mit einer Struktur nur einer Wellenlänge zu tun, so würde die Kurve der Abb. 10.5 genau der Kontrastempfindlichkeitskurve der Abb. 4.9 entsprechen.
Zeichnet man diese linear auf, so zeigt sie große Ähnlichkeit mit der hier gerechneten Kurve. Abweichungen ergeben sich durch die vielen unterschiedlichen Wellenlängen, die in der realen Oberflächenstruktur vorkommen. Die Beobachtung zeigt gute Übereinstimmung mit dem gerechneten Verlauf der Strukturempfindung.

Die relative Einordnung der unterschiedlichen Proben innerhalb der Benotungsskala bleibt bei Veränderung der Beobachtungsentfernung gleich. Das heißt, das Verhältnis der S_o- Werte untereinander ist unabhängig von der Beobachtungsentfernung. Dies zeigt die in Abb. 10.6 wiedergegebene Rechnung für verschiedene Entfernungen.

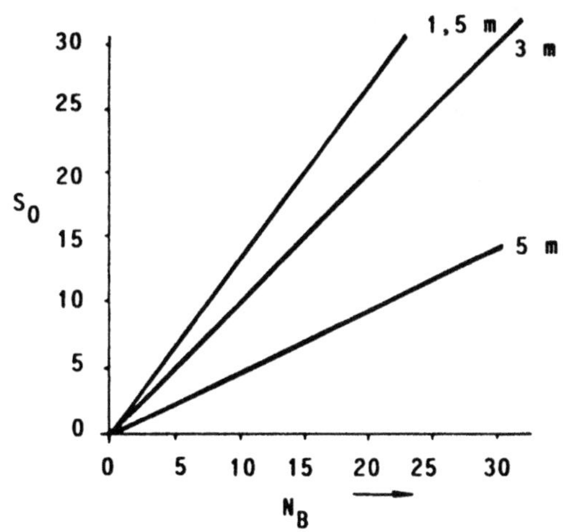

Abb. 10.6: Korrelation der Empfindungsstärke S_o zur Beobachternote bei unterschiedlichen Beobachtungsentfernungen

10.3 Abhängigkeit der Empfindungsstärke vom Abstand Lampe - Probe

Bei dieser Rechnung wurde der Abstand zwischen der Lampe und der Lackprobe verändert, alle sonstigen Parameter sind gleich wie im Kap. 8. Beobachtungsabstand wie dort 3 m. Die in Abb. 10.7 gezeigte Kurve zeigt, daß die Strukturempfindung mit wachsendem Abstand Lampe - Probe steigt. Ist die Lampe sehr nahe an der Probe, so zeigt ihr Spiegelbild auch in einer starken Lackstruktur nur geringe Verzerrungen.

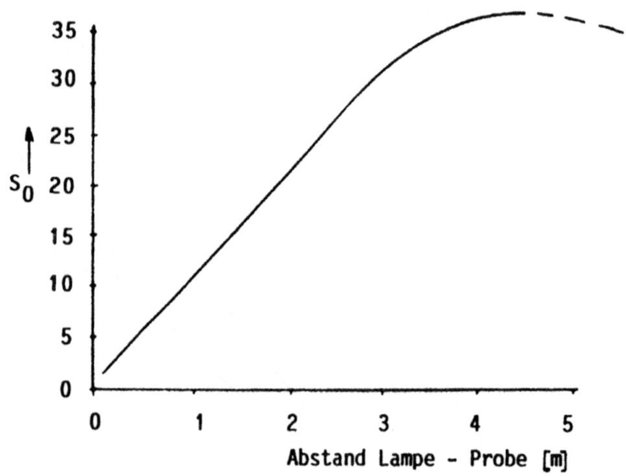

Abb. 10.7: Abhängigkeit der Empfindungsstärke vom Abstand Lampe - Probe

10.4 Abhängigkeit der Empfindungsstärke vom Beobachtungswinkel

Je größer der Winkel zwischen den Achsen Lampe - Lackoberfläche und Lackoberfläche - Auge ist, umso höher ist das Reflexionsvermögen der Lackoberfläche, umso heller erscheint die gespiegelte Lampe (s. Abb. 5.2). Dies macht sich allerdings erst bei Winkeln über 40° stärker bemerkbar. Eine Messung der Leuchtdichte des Lampenspiegelbildes ergibt gute Übereinstimmung mit der in Abb. 5.2 gezeigten Theorie von Fresnel.

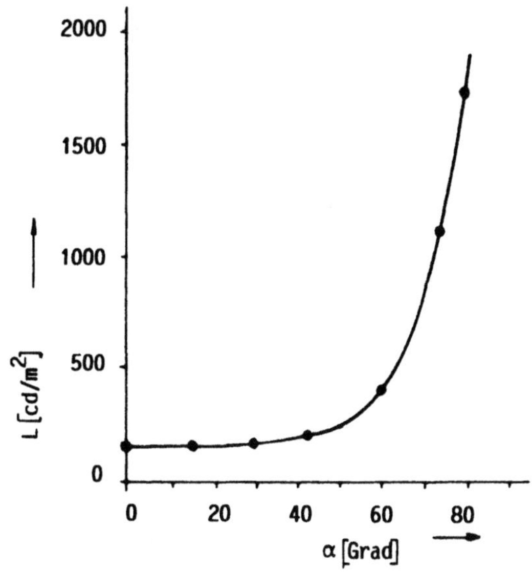

Abb. 10.8: Messung der Leuchtdichte des Spiegelbildes der Lampe in Abhängigkeit des Beobachtungswinkels α

In der Simulationsrechnung wurde mit der Formel von Fresnel gerechnet. Für die Strukturempfindung S_o ergibt sich der in Abb. 10.9 gezeigte Verlauf.

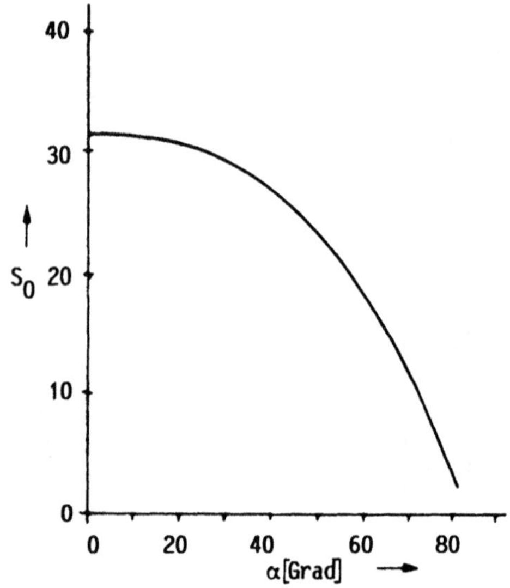

Abb. 10.9: Abhängigkeit der Empfindungsstärke S_o vom Beobachtungswinkel α

S_o nimmt mit wachsendem Beobachtungswinkel zunächst wenig ab, um dann ab etwa 40° steil abzufallen. Dies war nach dem Verlauf der Fresnel-Kurve zu erwarten. Auch hier stimmt die Rechnung gut mit der Beobachtung in der Praxis überein.

11. Der Einfluß einer Zusatzbeleuchtung

11.1 Versuchsanordnung

Es wurde schon darauf hingewiesen, daß eine Struktur in hellem diffusen Licht schlechter zu sehen ist als bei dunkler Umgebung. Der Einfluß der Allgemeinbeleuchtung oder Zusatzbeleuchtung auf die Beurteilung der Struktur soll im folgenden untersucht werden.

Die Anordnung ist im Prinzip gleich wie in Kap. 6 beschrieben. Seitlich wurden zusätzliche Lampen installiert, die die Probetafeln gleichmäßig beleuchteten und in ihrer Stärke stufenlos regelbar waren. Die Anordnung der Zusatzlampen wurde so getroffen, daß ihr Spiegelbild vom Beobachter nicht zu sehen war. Um die Zusatzbeleuchtung möglichst gleichmäßig und diffus zu gestalten, wurde der Raum mit weißen Tüchern ausgespannt.

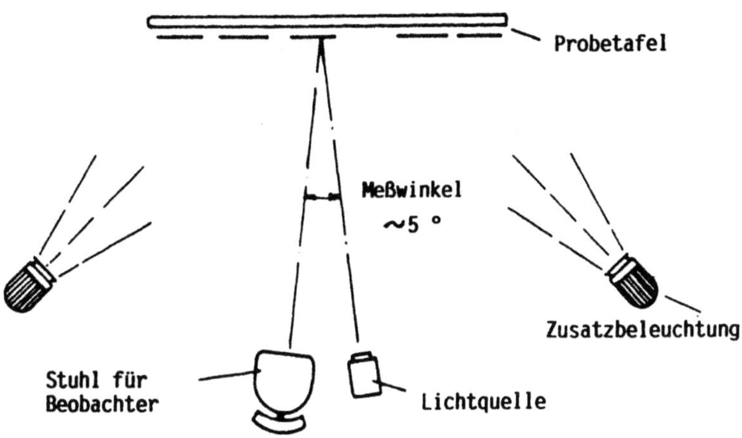

Abb. 11.1: Versuchsanordnung zur Ermittlung des Einflusses einer Zusatzbeleuchtung

Die durch die Zusatzbeleuchtung auf den Proben erzeugte Beleuchtungsstärke wurde in Lux gemessen. Sie ist direkt proportional der durch die Remission der Lackschicht hervorgerufenen Leuchtdichte.

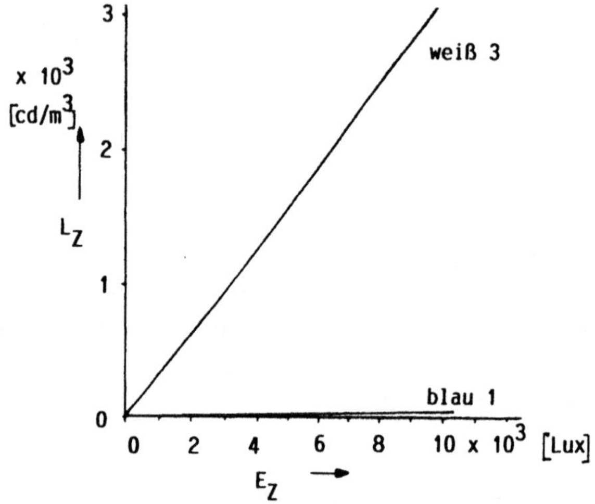

Abb. 11.2: Leuchtdichte L_Z und Beleuchtungsstärke E_Z bei Probe weiß 3 und blau 1

Die Leuchtdichten sind unabhängig von der Struktur der Lackoberfläche, sie hängen nur von der Farbe der Proben, also ihrem Remissionsvermögen ab.

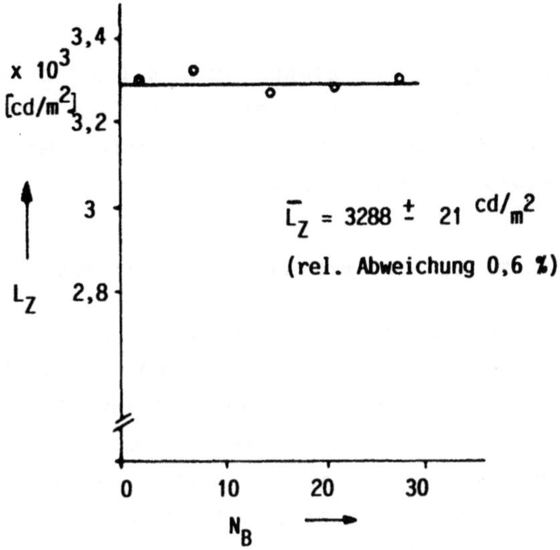

Abb. 11.3: Vergleich der Leuchtdichten der weißen Proben bei einer Zusatzbeleuchtungsstärke von 9.600 Lux

Zusätzlich wurde die Leuchtdichte eines $BaSO_4$-Standards vermessen.

Für die Proben ergeben sich folgende Werte:

Probe	cd/m²/Lux	Relative Werte zu $BaSO_4$-Normal
$BaSO_4$-Normal	0,46	1
weiß	0,316	0,69
rot	0,033	0,07
blau	0,0031	0,007

Abb. 11.4: Gemessene Remissionen der Proben

Das Remissionsvermögen der blauen Probetafeln beträgt nur etwa ein Hundertstel des Remissionsvermögens der weißen Proben. Dies deckt sich mit der spektralen Messung des Remissionsvermögens (s. Abb. 8.5 bis 8.7).

11.2 Messung des Einflusses der Zusatzbeleuchtung

Durch die Zusatzbeleuchtung wird der Kontrast zwischen dem Spiegelbild der Lampe und dem Umfeld vermindert. Dies gilt besonders stark für die weißen Proben, während die Kontraständerung bei den blauen Proben minimal ist. Durch die Kontrastveränderung bei den weißen Proben müßte sich der Eindruck der Struktur verändern, d.h. bei starker Zusatzbeleuchtung müßten die Proben glatter erscheinen.

Um dies nachzuprüfen, wurden die weißen Proben bei unterschiedlicher Zusatzbeleuchtung mit den blauen Proben verglichen. Die Strukturempfindung der blauen Proben wurde unabhängig von der Zusatzbeleuchtung als konstant gesetzt, da deren Remissionsvermögen und damit deren Kontraständerungen vernachlässigbar gering sind.

Dem Beobachter wurde aufgegeben, die Zusatzbeleuchtung so lange zu steigern, bis der Struktureindruck der Probe weiß 5 dem Struktureindruck der Probe blau 4, dann blau 3 bis blau 1 gleichkommt. Die jeweilige Leuchtdichte der weißen Proben (neben dem Spiegelbild der Lampe) wurde gemessen und aufgezeichnet. Diese Messungen wurden mit sechs Beobachtern durchgeführt.

Die Beurteilung der Gleichheit der Strukturen ist nicht leicht, die Meßergebnisse schwanken daher sehr stark. Trotzdem lassen sich die Ergebnisse eines Beobachters in eine eindeutige Reihung bringen. In Abb. 11.5 sind die Ergebnisse von drei Messungen eines Beobachters wiedergegeben. Die

Leuchtdichte des Spiegelbildes der Lampe betrug dabei ohne Zusatzbeleuchtung 135 cd/m²:

Vergleich Probe weiß 5 zu Proben blau — Zusatzbeleuchtung E_Z [cd/m²]

	Messung 1	Messung 2	Messung 3
weiß 5 N_B = 28,11	0	0	0
blau 4 N_B = 19,76	529	400	450
blau 3 N_B = 12,96	1.148	1.150	1.140
blau 2 N_B = 7,01	2.010	1.850	2.040
blau 1 N_B = 2,33	3.408	3.180	3.420

Abb. 11.5: Messung der Zusatzbeleuchtung, bei welcher Gleichheit des Struktureindruckes mit einer der blauen Proben eintritt. Ein Beobachter, drei Messungen

Grafisch lassen sich die Meßergebnisse sehr gut im halblogarithmischen Maßstab darstellen. Für Log S zu E_Z ergeben sich Geraden.

In Abb. 11.6 sind die Meßergebnisse aller 6 Beobachter dargestellt.

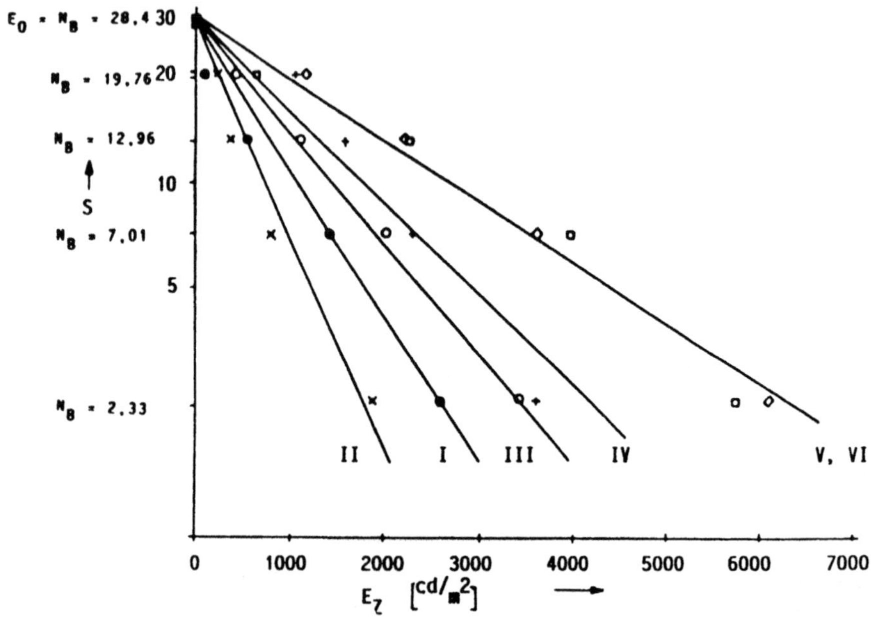

Abb. 11.6: Messung des Struktureindruckes S in Abhängigkeit der Zusatzbeleuchtung bei der Probe weiß 5 durch 6 Beobachter

Es fällt auf, daß die Meßpunkte der einzelnen Beobachter zwar relativ gut auf einer Geraden liegen, die einzelnen Geraden sich aber signifikant unterscheiden. D.h., die scheinbare Verbesserung der Oberflächenglätte durch wachsende Zusatzbeleuchtung wird durch die Beobachter unterschiedlich wahrgenommen. Während der eine Beobachter schon bei relativ geringer Zusatzbeleuchtung keine Struktur mehr wahrnimmt, sieht ein anderer Beobachter auch bei hoher Zusatzbeleuchtung noch eine solche. Diese Unterschiede liegen in einem Verhältnis von etwa 1 zu 3.

Bei einer weiteren Versuchsreihe wurde die Lichtstärke der Lampe soweit erhöht, daß sich im Spiegelbild der Lampe ohne

Zusatzbeleuchtung die doppelte Leuchtdichte, nämlich 270 cd/m², einstellte. Die Ergebnisse dieser Messung streuen sehr stark.

In erster Näherung ergaben sich zur Einstellung einer bestimmten Note die doppelten Zusatzbeleuchtungsstärken.

Bei einer Halbierung der Leuchtdichte des Spiegelbildes ergab sich auch eine Halbierung der notwendigen Zusatzbeleuchtung.

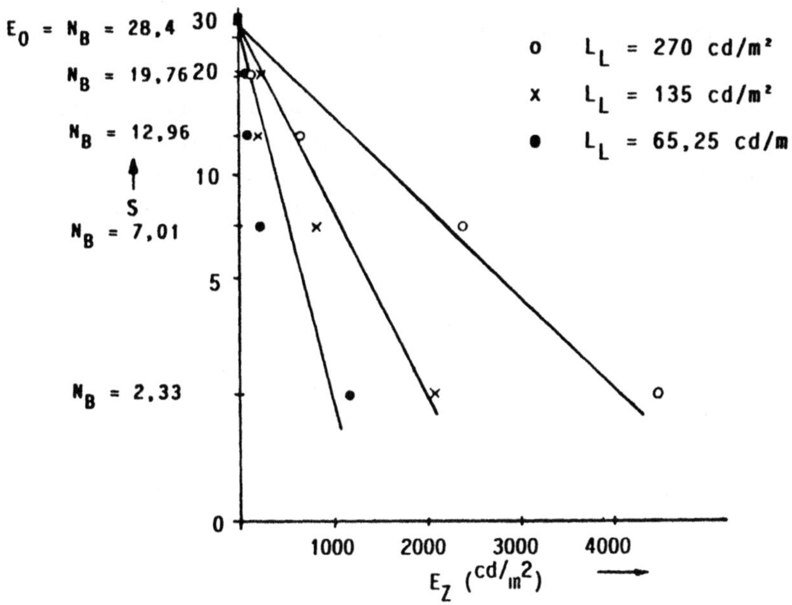

Abb. 11.7: Variation der Leuchtdichte des Spiegelbildes der Lampe (68, 135 u. 270 cd/m²)

11.3 Interpretation der Meßergebnisse

Die Meßergebnisse lassen sich durch die Formel

$$S = S_o \exp\left\{- f_K \frac{L_z}{L_L}\right\}$$

oder

$$\ln \frac{S}{S_o} = - f_K \frac{L_z}{L_L}$$

beschreiben.

Darin bedeuten

S die Empfindungsstärke der Struktur

S_o die Empfindungsstärke der Struktur ohne Zusatzbeleuchtung, d.h. die durch die Simulation errechnete relative Empfindungsstärke. (Der Probe weiß 5 wurde der Wert S_o = 28,11 willkürlich zugeordnet und zwar für alle Beobachter).

L_z die von der Zusatzbeleuchtung erzeugte Leuchtdichte.

$L_L = (L_L + L_z) - L_z$ der Leuchtdichteunterschied zwischen den Leuchtdichten im Spiegelbild der Lampe und der Umgebung. Er ist unabhängig von L_z .

f_k ein vom jeweiligen Beobachter abhängiger Faktor.
Die Gleichung spiegelt die logarithmische Arbeitsweise unseres Sehorgans wieder.

Nun ist

$$L_z = C_1 * E_z * R_R$$

mit

E_z = Beleuchtungsstärke der Zusatzbeleuchtung in Lux

R_R = Remissionsvermögen der Lackschicht für die verwendete Zusatzbeleuchtung

C_1 = Proportionalitätsfaktor

Das Remissionsvermögen der Lackschicht ist abhängig von der Lichtwellenlänge. Ist $S_Z(\lambda)$ die auf eins normierte spektrale Wellenlängenverteilung der Zusatzbeleuchtung und $V(\lambda)$ die spektrale Hellempfindlichkeitskurve des Auges, so ist

$$R_R = \int_{\lambda_1}^{\lambda_2} R_R(\lambda) \cdot S_Z(\lambda) \cdot V(\lambda)\, d\lambda$$

Weiter ist

$L_O = c_2\, E_L\, R_S\, f(S_F)$

mit

E_L = Beleuchtungsstärke der gespiegelten Lampe

R_S = Reflexionsvermögen der Lackschicht nach Fresnel

$f(S_F)$ = Funktion der Oberflächenstruktur

c_2 = Proportionalitätsfaktor

Auch hier muß wegen der spektralen Hellempfindlichkeitskurve genauer geschrieben werden

$$E_L = E_O \int_{\lambda_1}^{\lambda_2} S_L(\lambda) \cdot V(\lambda)\, d\lambda$$

mit $S_L(\lambda)$ = normierte spektrale Wellenlängenverteilung der gespiegelten Lampe. R_S ist, wie in Kap. 5.2 gezeigt, weitgehend von der Lichtwellenlänge unabhängig.

Sind $S_Z(\lambda)$ und $S_L(\lambda)$ in etwa gleich (gleicher Lampentyp), so kann die Integration entfallen.

Sind $S_Z(\lambda)$ und $S_L(\lambda)$ sehr unterschiedlich, zum Beispiel die gespiegelte Lampe blau und die Zusatzbeleuchtung rot, so kann die physiologische Wirkung eine andere sein, da dann unterschiedliche Zapfenarten der Retina aktiviert werden. Die Verarbeitung im Gehirn muß dann nicht so verlaufen, daß eine Zusatzbeleuchtung zu einer Verminderung des Struktureindruckes in der geschilderten Weise führt. In der Praxis hat man es aber fast nur mit möglichst "weißem" Licht zu tun, so daß dieser Fall selten eintreten wird.

Die Funktion $f(S_F)$ beschreibt die Auffächerung des Lichtes an der Oberfläche, so daß nur ein Teil des Lichtes durch die Pupillenöffnung des Auges fällt. (Siehe Kap. 8.4). Die Streuung des Lichtes führt zu einer scheinbaren Verminderung des Reflexionsvermögens. Es ist $f(S_F) \leq 1$. Der Wert von $f(S_F)$ ist außer von der Struktur selber von der Entfernung Auge zur Lackoberfläche abhängig. Je größer diese Entfernung, umso weniger Licht fällt ins Auge.

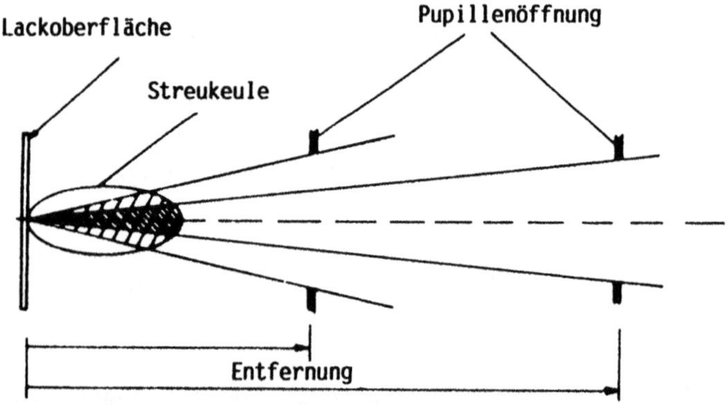

Abb. 11.8: Abhängigkeit der ins Auge gelangenden Lichtmenge von Streukeule, Pupillenöffnung und Entfernung (stark verzerrt gezeichnet)

Dieser Zusammenhang bedeutet ferner, daß sich sehr kleine Streukeulen bei gegebener Entfernung zunächst nicht bemerkbar machen, da noch fast alles Licht in die Pupillenöffnung trifft. Bei Meßinstrumenten mit wesentlich größeren Aperturen als beim menschlichen Auge tritt deshalb der Einfluß der Streufunktion praktisch nicht auf. Messung und beobachteter Eindruck divergieren dann.

Für die in dieser Untersuchung benützte Entfernung von 3 m ergibt sich entsprechend der in Kap. 8 wiedergegebenen Simulationsrechnung der in Abb. 11.9 gezeigte Zusammenhang:

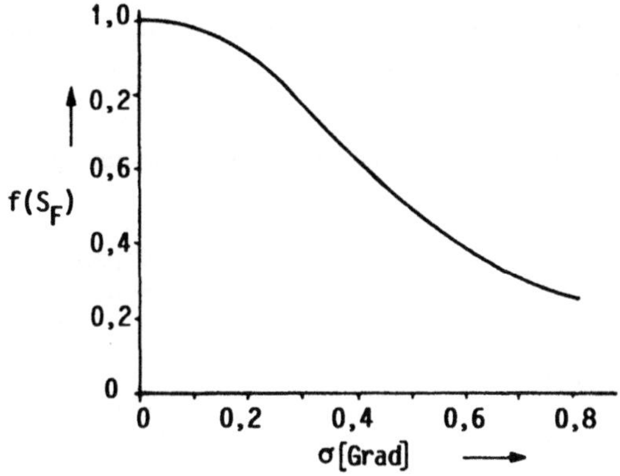

Abb.11.9: Die Funktion f (S_F) in Abhängigkeit der Standardabweichung der Reflexionsstreukeule σ in Winkelgraden

Mit den Ausdrücken für L_z und L_0 läßt sich schreiben

$$S = S_0 \exp\left\{ - f_K * \frac{c_1}{c_2} * \frac{R_R}{R_S \cdot f(S_F)} * \frac{E_Z}{E_L} \right\}$$

Die Strukturempfindung S ist bei gleicher Grobstruktur umso kleiner, je größer das Remissionsvermögen R_R und die Feinstruktur des Lackes ist und je mehr die Beleuchtungsstärke des Umgebungslichtes die Stärke der gespiegelten Lampe übertrifft. Das heißt für die Praxis: Weiße Lacke erscheinen glatter als dunkle, bei starker Feinstruktur vermindert sich der Glanz und die Struktur der Oberfläche verschwindet. Im hellen Tageslicht ist eine Struktur nur schwer zu erkennen.

Es bleibt noch eine nähere Betrachtung des Faktors f_K. Er ist, wie die Messungen zeigen, personenabhängig.

Die naheliegende Erklärung ist, daß die Augen der Beobachter über unterschiedliche Kontrastempfindlichkeiten verfügen. Für das "Normalauge" sind Unterschiedsempfindlichkeiten bestimmt worden. Dies ist der Reziprokwert desjenigen Kontrastes, der gerade noch wahrgenommen werden kann (Schwellenkontrast). Sie wurden an kreisförmigen Objekten ermittelt. Es stellt sich heraus, daß die Unterschiedsempfindlichkeit vom Sehwinkel des Kreisobjektes und der Leuchtdichte der Umgebung abhängt [29].

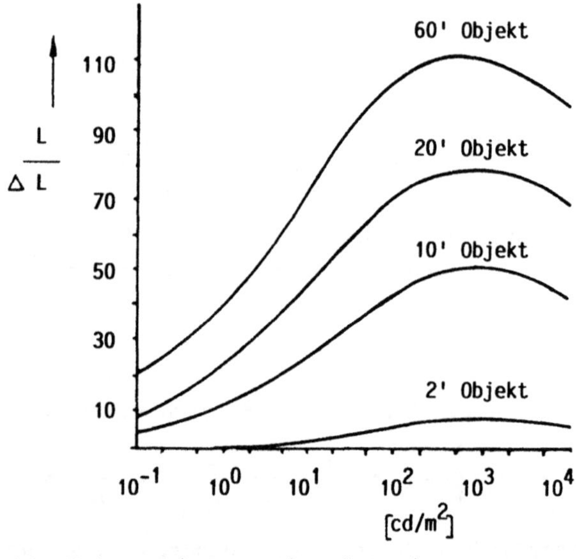

Abb. 11.10: Unterschiedsempfindlichkeit für verschieden große Sehobjekte (Kreisscheiben mit 2'-10'-20'-60'Sehwinkel) in Abhängigkeit von der Umfeldleuchtdichte

Bei dem optischen Bild der Lackoberfläche haben wir es mit einer Vielzahl von hellen und dunklen Bezirken unterschiedlichen Kontrastes zu tun. Ein direkter Vergleich mit den Messungen an einfachen, kreisförmigen Objekten kann daher nur unvollkommen sein, soll aber trotzdem durchgeführt werden.

Die Abstände der hellen und dunklen Bezirke liegen bei etwa 4 mm. Das entspricht einem Sehwinkel von ca. 5'. Für ein 5'-Sehobjekt liegt die Unterschiedsempfindlichkeit bei einer Umfeldleuchtdichte von einigen 1.000 cd/m² bei etwa 30 - 40. Eine Struktur der Oberfläche ist sicher dann nicht mehr zu sehen, wenn

$$\frac{L}{\Delta L} \leq \frac{L_Z}{L_0}$$

daraus folgt mit L_O = 135 cd/m²

$$L_Z \sim 4.000 - 5.500 \text{ cd/m}^2$$

Dieser Wert liegt in der Größenordnung der in 11.2 beschriebenen Messungen. Er ist in Wirklichkeit vielleicht noch etwas größer. Dies könnte mit dem Einfluß des Simultankontrastes (s. Kap. 4.2.4) zusammenhängen.

Das Spiegelbild der Lampe erscheint unter einem Sehwinkel von etwa 40'. Hierfür liegt die Unterschiedsempfindlichkeit bei rd. 100. Bei einer Umfeldleuchtdichte von 13 - 14.000 cd/m², z.B. bei einer weißen Lackierung im hellen Sonnenlicht, ist dann auch das Spiegelbild nicht mehr zu sehen. Auch dies stimmt gut mit den Beobachtungen überein.

Die unterschiedliche Einstufung des Einflusses der Zusatzbeleuchtung durch die Beobachter ist danach auf deren verschiedene Unterschiedsempfindlichkeiten zurückzuführen.

Um dies nachzuprüfen, wurden die Augen (einschl. Brille, soweit Brillenträger) der Beobachter mit einem Nyktometer der Firma Rodenstock vermessen. Dieses Gerät dient als Dämmerungs-Sehprüfgerät. Es bietet dem Prüfling Sehzeichen unterschiedlichen Kontrastes zur Erkennung an. Der Kontrast der einzelnen Sehzeichen ist in einer Tabelle angegeben. Eine Beschreibung des Gerätes ist in [30] gegeben. Die Prüfentfernung ist optisch auf 4 m Distanz eingestellt. Als

Sehzeichen wird eine Kontrastfigur nach Hartmann, ein dunkles, kreisförmiges Zeichen mit einer abstehenden Nocke, verwendet.

Die Größe der Sehzeichen entsprechen einem Visus von 0,1, also einem Sehobjekt von 10 Bogenminuten. Die Leuchtdichte des Umfeldes beträgt bei Messung mit Blendung 0,1 cd/m². Während die geometrischen Verhältnisse in etwa denen unserer Versuche entsprechen, ist die Umfeldleuchtdichte bedeutend kleiner.

Für die einzelnen Prüflinge wird das Sehzeichen bestimmt, das gerade noch mit Sicherheit erkannt wird. Für dieses Sehzeichen kann das Verhältnis von Leuchtdichte des Zeichens zu Leuchtdichte der Umgebung aus einer Tabelle entnommen werden. Ist L_F die Leuchtdichte des Zeichens, L_U die der Umgebung, so ist der Schwellenkontrast

$$K_s = \frac{L_U - L_F}{L_U} = 1 - \frac{L_F}{L_U}$$

Die Kontrast- oder Unterschiedsempfindlichkeit ist der reziproke Wert

$$U = \frac{1}{K_S}$$

Bei den Messungen mit dem Nyktometer stellte sich heraus, daß die Werte mit Blendung eine bessere Differenzierung erlauben. Da bei den in 11.2 angeführten Messungen mit relativ hohen Beleuchtungsstärken gearbeitet wurde, erscheint dies plausibel.

Die Nyktometer-Messungen ergaben für die Beobachter 2, 3 und 6 folgendes Bild:

Beobachter	noch gesehen		nicht mehr gesehen	
	K_s	U	K_s	U
2	0,5	2	0,397	2,519
3	0,315	3,175	0,2	5
6	0,2	5	0,123	8,13

Abb. 11.11: Tabelle der gemessenen Schwellenkontraste bzw. Unterschiedsempfindlichkeiten

Innerhalb dieser Grenzen liegen die echten Unterschiedsempfindlichkeiten der Beobachter. Setzt man diese für den Beobachter 2 zu eins, so liegen die Werte der anderen Beobachter in den Grenzen:

Beobachter 2: U = 1
Beobachter 3: U = 1,3 - 2,5
Beobachter 6: U = 2 - 4

In den Messungen mit Zusatzbeleuchtung ergaben sich für den Vergleich mit der Probe "Blau 1" (E = 2,33, also schon sehr glatt) die Werte

Beobachter 2: L_z = 1.900 cd/m²
Beobachter 3: L_z = 3.420 cd/m²
Beobachter 6: L_z = 6.100 cd/m²
also ein Verhältnis
1 : 1,8 : 3,2

Diese Werte ordnen sich sehr gut in die gefundenen Unterschiedlichkeitsempfindlichkeiten ein. Die Vermutung, daß die abweichenden Meßkurven der verschiedenen Beobachter auf deren Unterschiedsempfindlichkeiten zurückzuführen ist, bestätigt sich.

12. Möglichkeit einer "absoluten" Empfindungsskala für die Struktur einer Lackoberfläche

Die Beurteilung der Oberflächenproben Weiß 1 - 5, Rot 1 - 5 und Blau 1 - 5 durch die 30 Beobachter wurde in der Form vorgenommen, daß für die beiden extremen Proben feste Werte, nämlich 0 und 26, willkürlich vorgegeben wurden. Die Beobachter legten dann eine Reihenfolge und Einordnung der übrigen Proben fest. Das heißt natürlich nicht, daß alle Personen die Proben in der gleichen Größe des Struktureindruckes wahrgenommen hätten. Eine stark kurzsichtige Person ohne Brille würde die Struktur gar nicht erkennen.

Die Messungen mit Zusatzbeleuchtung zeigten, daß die Stärke der Abnahme des Struktureindrucks mit wachsender Zusatzbeleuchtung in hohem Maße von der jeweiligen Unterschiedsempfindlichkeit der Augen der betreffenden Person abhängt. In gleichem Maß muß auch die Empfindungsstärke der Struktur personenbezogen unterschiedlich sein.

Man könnte daher eine Empfindungsstärke für die Struktur der Lackoberfläche definieren, die personenbezogen je nach deren Augenbeschaffenheit aufgebaut ist. Dies würde jedoch aus zwei Gründen für die praktische Beurteilung nichts nützen.

Zum einen müßte man, um zu einheitlichen Werten zu kommen, eine Empfindungsstärke für das "Normalauge" festlegen, zum anderen muß man einer bestimmten Struktur eine bestimmte Maßzahl zuordnen, man muß den Maßstab normieren. Innerhalb eines solchen vorgegebenen Maßstabes ordnen die verschiedenen Beobachter die Strukturen mit relativ kleiner Streubreite ein, wie die in Kap. 6 beschriebenen Versuche zeigen. Und dies unabhängig davon, daß sie die Strukturen unterschiedlich gut sehen.

Eine Beurteilung der Struktur in Hinsicht auf das ästhetische Empfinden, also ob eine bestimmte Struktur als mehr oder weniger unschön empfunden wird, läßt sich auch aus einem absoluten Maßstab nicht gewinnen. Hier spielen psychologische Aspekte eine Rolle, die sich nicht in Zahlen ausdrücken lassen. Der Maßstab für die Empfindung wird durch Konvention festgelegt.

13. Einige Folgerungen aus den Ergebnissen

Aus den Resultaten der Messungen und Berechnungen lassen sich weitere Schlußfolgerungen ziehen, die insbesondere für die Praxis von Bedeutung sind.

Es konnte gezeigt werden, daß der optisch-physiologische Eindruck der Struktur einer Lackoberfläche unter Berücksichtigung der Arbeitsweise des Sehapparates, der Art der Beleuchtung, der optischen Lackdaten und der physikalischen Beschreibung der Oberfläche herleitbar ist. Die in Kapitel 3 beschriebenen Phänomene der Beobachtung der Oberflächenstruktur lassen sich mathematisch beschreiben.

Der Struktureindruck der Oberfläche hängt von seinem Gehalt an physikalischer Grob- und Feinstruktur ab, d. h. von der Verteilung der Ortsfrequenzen innerhalb des Strukturspektrums. Die Grenze zwischen Grob- und Feinstruktur wird durch das Auflösungsvermögen des menschlichen Auges vorgegeben. Bei einer Entfernung von 3 m liegt sie für das normalsichtige Auge bei 1 mm Wellenlänge. Eine Lackierung ist meistens mehrschichtig aufgebaut - Grundierung, Füller, Decklack. Hierbei interessiert, wie sich die Oberflächenstruktur durch die Schichten aufbaut, ob sie kleiner oder größer wird, welche Schicht oder ob der Untergrund selber den größten Anteil an der Strukturbildung hat. Hierüber ist noch wenig bekannt. Da optische Mittel zur Messung der Struktur bzw. deren Empfindung fehlen, bleibt nur die Tastschnittmessung. Bisher hat man meist versucht, die bekannten Rauheitsmaße zu verwenden. Diese sind aber für völlig andere Zwecke entwickelt worden und stehen in keinem Zusammenhang mit der Strukturempfindung von Lackierungen.

Aus der vorgelegten Arbeit folgt, daß bei einer solchen Untersuchung der Weg der Grobstruktur verfolgt werden muß. In Abb. 13.1 ist ein Beispiel angegeben. Hierbei wurde der Füller gespritzt, der weiße Decklack dagegen aufgeschleudert, um von einer nach dem Auftrag völlig ebenen Lackoberfläche auszugehen. Trotzdem zeigt sich nach dem Trocknen eine ausgeprägte Struktur, ein Zeichen dafür, daß sich der Untergrund abbildet.
Auffällig ist, daß diese Abbildung des Untergrundes stärker ist, wenn die Probe nach dem Aufschleudern des Lackes zum Trocknen senkrecht gestellt wird.

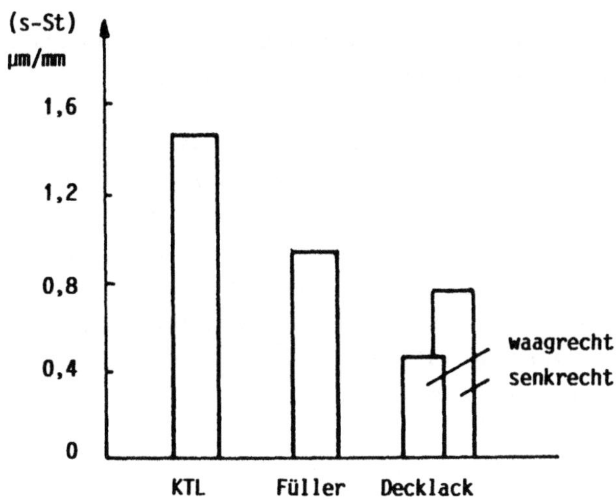

Abb. 13.1: Abbildung der Struktur durch mehrere Lackschichten hindurch

Aus Grob- und Feinstruktur der Decklackschicht wurde mittels des Modells die Strukturempfindung zu S_o = 12 (Trocknung in waagrechter Lage) bzw. zu S_o = 17,5 (Trocknung in senkrechter Lage) bestimmt.

Da der Struktureindruck von den jeweiligen geometrischen Verhältnissen, z. B. dem Beobachtungsabstand, den Beleuchtungsverhältnissen und von den Eigenschaften der Lackoberfläche selbst, z. B. ihrem Glanz, abhängt, kann es kein einheitliches Maß für die Strukturempfindung geben. Durch Normung muß man sich auf bestimmte Verhältnisse festlegen. Eine Umrechnung mittels des angegebenen Modells ist dann in beschränktem Maße möglich. Diese Normung sollte einerseits den in der Praxis - nicht bei der Laborprüfung - vorkommenden Verhältnissen nahekommen, andererseits muß sie den meßtechnischen Möglichkeiten, z. B. Größe des Gerätes, Rechnung tragen.

Die Messung des Struktureindruckes durch Tastschnittmessung und Simulationsrechnung ist für die normale Prüfpraxis nicht geeignet. Sie ist zu umständlich und zeitraubend. Bei den vorliegenden Untersuchungen werden für eine Probe ca. 3 Stunden für die Anfertigung und Auswertung der Tastschnitte und ca. 10 Stunden Rechenzeit auf einem HP 520 benötigt. Der in dieser Arbeit eingeschlagene Weg diente zur Aufstellung einer Theorie über das Entstehen des physiologischen Struktureindruckes, nicht zur Entwicklung einer Meßtechnik. Die Ergebnisse der Theorie sollten aber als Grundlage zur Entwicklung eines Meßgerätes dienen.

Es folgt, daß ein solches Meßgerät optisch arbeiten sollte. Ein ideales Meßgerät müßte die optischen Eigenschaften des Auges nachbilden und ein Rechner die Signale des Gerätes entsprechend der psycho-physikalischen Verarbeitung im Gehirn umwandeln.

Bisherige Meßgeräte berücksichtigen die Eigenschaften des menschlichen Auges und die Verarbeitung der Sinneseindrücke im Gehirn nicht. Da diese den Struktureindruck entscheidend bestimmen, liefern diese Geräte nur unvollkommene Werte. Dem idealen Zustand am nächsten kommt noch das von Dreybrodt und Neunzig [13] angegebene Verfahren. Es bildet zwar die Oberfläche nicht ab, wegen der kleinen Fläche des Fototransistors könnte aber wenigstens eine gewisse optische Aufspaltung in Grob- und Feinstruktur erfolgen.

Eine Messung der in dieser Arbeit verwendeten Probetafeln nach dem Verfahren von Dreybrodt und Neunzig ergab den in Abb. 13.2 wiedergegebenen Zusammenhang.

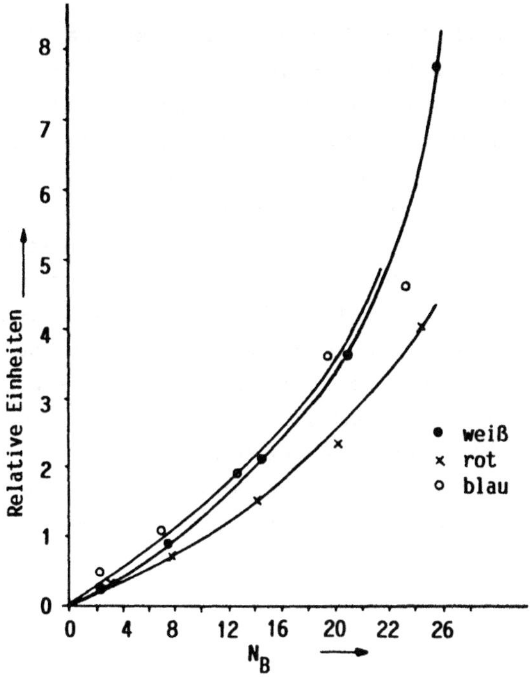

Abb. 13.2: Korrelation zwischen Beobachterwerten und Meßwerten nach Dreybrodt und Neunzig

Die Meßpunkte liegen relativ gut auf einer stetigen Kurve, aber nicht auf einer Geraden. Die Gestalt der Kurve ähnelt sehr dem in Abb. 9.1 wiedergegebenen Zusammenhang zwischen Beobachternote und Grobstruktur. Die Grobstruktur wird also anscheinend durch das Meßverfahren richtig wiedergegeben, jedoch fehlt der Einfluß der Feinstruktur. Die Fläche des Fototransistors ist nicht klein genug, daß er die fehlende optische Abbildung bei Glanzlacken ersetzen könnte.

Zum Schluß noch eine Bemerkung zur heutigen Prüftechnik. Es wurde gezeigt, daß die Stärke des Struktureindruckes stark von der Sehschärfe und dem Kontrastempfindungsvermögen des jeweiligen Prüfers abhängt. Es empfiehlt sich daher, zur Auswahl der Prüfer eine augenärztliche Untersuchung durchzuführen, z.B. mit dem Nyktometer. Prüfplätze zur Strukturbeurteilung sollten nicht zu hell sein. Insbesondere soll die Lichtstärke der gespiegelten Lampe die Allgemeinbeleuchtung stark übertreffen. Sonst sind Strukturen bei Lacken mit hohem Remissionsvermögen (Weißlacke) nur schlecht zu sehen. Diese Forderung steht im Gegensatz zu der für eine Erkennung von anderen Oberflächenfehlern, z.B. Schmutzeinschlüssen und Läufern, notwendigen Beleuchtung. Diese sollte möglichst hell sein. Ein Kompromiß ist durch wenige starke Leuchten mit möglichst geringem diffusem Anteil zu schaffen.

14. Zusammenfassung

Von einer guten Lackierung wird eine möglichst glatte Oberfläche verlangt. Strukturen in der Oberfläche werden als unschön empfunden. Es hat daher nicht an Versuchen gefehlt, diese Struktur meßtechnisch zu erfassen. Alle bisher bekannten Verfahren zur Beurteilung der Struktur berücksichtigen die Arbeitsweise des menschlichen Auges nicht, können daher auch keine befriedigende Erklärung für den Sinneseindruck der Struktur geben. Die vorliegende Arbeit sucht diese Lücke zu schließen.

Die Struktur einer Lackoberfläche wird am besten im Spiegelbild einer hellen Leuchte wahrgenommen. In der Praxis spiegelt deshalb ein Prüfer das Bild einer Lampe oder das Kreuz eines hellen Fensters auf die Lackoberfläche und läßt dieses Bild über die Fläche wandern. Dabei beurteilt er die Verzerrungen der Kontur und das sich an den Rändern ausbildende Hell-Dunkelmuster. Aus der Kontraststärke dieses Musters schließt er dann auf die Größe der Oberflächenstruktur. Die Höhenunterschiede der Berge und Täler der Struktur sind zu klein, als daß sie mit den Augen stereoskopisch erfaßt werden könnten.

Die Arbeit untersucht, wie der Struktureindruck auf der Retina des Auges entsteht und von dort durch die Nervenzellen verarbeitet wird. Aus den Gegebenheiten des Aufbaus des menschlichen Auges und der psycho-physikalischen Verarbeitung der eingehenden Lichtsignale wird ein mathematisches Modell zur Berechnung des optisch-physiologischen Eindruckes der Oberflächenstruktur eines Lackfilmes erstellt. Zur Beschreibung der Oberflächengestalt werden Tastschnitte verwendet. Da das Auflösungsvermögen des Auges begrenzt ist, werden die gemessenen Strukturen in nicht mehr auflösbare und in wahrnehmbare Strukturen, in Feinstruktur und Grobstruktur aufgeteilt. Die Feinstruktur bestimmt den Glanz des Lackfilmes, die Grobstruktur die empfundene Welligkeit. Je matter der Lack, d.h. je größer die Feinstruktur, umso stärker wird das gespiegelte Licht gestreut und verwischt so das Hell-Dunkel-Muster der Grobstruktur. Für eine bestimmte Beleuchtungsart - Spiegelung einer Lampe mit Lambertstrahlercharakteristik - wird die Lichtverteilung des durch Grob- u. Feinstruktur beeinflußten Spiegelbildes auf der Retina des Auges berechnet. Das gefundene Reizmuster wird gemäß den Gesetzen der physiologischen Verarbeitung der Signale in den Sinneszellen umgeformt. Als Maß für den Strukturеindruck wird dann der Kontrast, d.h. das Verhältnis der Intensitätsunterschiede des Hell-Dunkel-Musters zur Helligkeit des Lampenspiegelbildes gebildet. Die Bestimmung dieser Größe S_o wird als Simulationsrechnung durchgeführt.

In einer Versuchsreihe wurden je fünf Lackstrukturproben von sehr gutem bis sehr schlechtem Verlauf in den Farben weiß, rot und dunkelblau hergestellt, mit Tastschnitten vermessen und die Strukturempfindungsstärken S_o mittels des beschriebenen Modells berechnet. In einer adäquaten Versuchsanordnung wurden die gleichen Proben durch ein Kollektiv von 30 Beobachtern in die Ordnung ihrer persönlichen Strukturempfindung gebracht und so mit Maßzahlen N versehen. Zwischen den im Versuch bestimmten Werten N und den berechneten Werten S_o ergibt sich eine gute Korrelation. Es ist also möglich, aus den physikalischen Daten der Oberfläche und den Beleuchtungsverhältnissen die relative Empfindungsstärke der Struktur herzuleiten.

Dabei stellt sich heraus, daß bei Beobachtung der gespiegelten Lampe im sonst dunklen Raum die Farbe der Lackoberfläche keine Rolle spielt. Die Struktur weißer Lacke ist genauso gut zu sehen wie diejenige von dunklen Lacken. Anders ist dies in einem hellen Raum, wenn die lackierten Proben zusätzlich ohne direkte Spiegelung beleuchtet werden. Bei den weißen Proben steigt dann durch die Remission des Lichtes die Leuchtdichte stark an, der Kontrast des Hell-Dunkel-Musters wird kleiner, die Struktur der Lackoberfläche wird schwächer empfunden. Bei den dunkelblauen Proben ist die Remission so klein, daß auch bei starker zusätzlicher Beleuchtung keine merkliche Änderung festzustellen ist. In einer weiteren Versuchsdurchführung wurde die Abnahme der Strukturempfindung bei den weißen Proben in Abhängigkeit der Stärke der Zusatzbeleuchtung durch ein Kollektiv von Beobachtern ermittelt. Es zeigt sich, daß die Empfindungsstärke S logarithmisch mit der Zunahme der Zusatzbeleuchtung abnimmt. Die logarithmische Arbeitsweise des menschlichen Sehorgans ließ dies erwarten. Überraschend war dagegen, daß die von den einzelnen Beobachtern ermittelten Abnahmen der Empfindungsstärke sich signifikant voneinander unterschieden. Es konnte nachgewiesen werden, daß dies an der unterschiedlichen Kontrastempfindlichkeit der betreffenden Augen lag. Eine Nachmessung der Kontrastempfindlichkeit der Augen der einzelnen Beobachter ergab gute Übereinstimmung mit den Meßergebnissen der Strukturempfindung.

Es steht nun eine Theorie zur Verfügung, welche die Phänomene bei der Betrachtung von Lackstrukturen mit unterschiedlichen Bedingungen wie Beobachtungsabstand, Beleuchtungsverhältnissen etc. zu beschreiben gestattet. Hieraus lassen sich weitere Schlußfolgerungen für Untersuchungen an Lackschichten und zur Gestaltung von Meßgeräten und Prüfplätzen ziehen.

Schrifttum

1. **U. Zorll,**
   Abgrenzung der Anwendungsbereiche von Glanzmeßsystemen auf visueller Bewertungsgrundlage.
   DFBO-Mitteilungen, Band 24, Heft 11 (Nov. 1973), 193-200

2. **L.A. Simpson,**
   Factors controlling gloss of paint films
   Progress in Organic Coatings 6 (1978), 1-30

3. **S. Lohmeyer,**
   Glanzmessung
   Metalloberfläche 30 (1976) 12, 573-577
   30 (1976) 12, 583-590
   31 (1977) 1, 28-32
   31 (1977) 2, 74-80

4. **E. Ladstädter u. N. Geßner,**
   Die quantitative Erfassung von Reflexionsvermögen, Verlaufsqualität und Glanzschleier mit dem Gonioreflektometer
   GR-COMP. Farbe u. Lack 11, (1979), 920-924

5. **H. Becker, H. Noven, H. Rechmann,**
   Messung des Glanzschleiers an hochglänzenden Lackoberflächen
   Farbe u. Lack 74 Nr. 2 (1968), 145-160

6. **E. Ladstädter,**
   Ein neues und vielseitiges Goniophotometer zur Bestimmung optischer Eigenschaften von Überzügen
   Farbe u. Lack 81, 9, (1975), 806-812

7. **Labor-Mitteilung Instruments 1/80 Byk-Mallinkrodt**

8. **U. Zorll,**
   Untersuchungen über die Anwendungsbereiche von Glanzmeßsystemen
   Farbe u. Lack 79, Nr. 3, (1973), 191-201

9. **U. Zorll,**
   Physikalische Grundlagen der Glanzmessung auf dem Lackgebiet
   Farbe u. Lack 67, Nr. 7, (1961), 426-434

10. **H.-J. Freier,**
Schlierenoptische Oberflächenbeurteilung
Farbe u. Lack, 79., Nr. 4, (1973), 307-314

11. **D.M. Howell,**
Quantitative characterisation of paint surfaces using ray deflection mapping and schlierentechniques
3. Oil. Col. Chem. Assoc. (1975), 41-50

12. **M. Matsuta, T. Kubota, K. Kito,**
Development of gloss and orange peel testers for paint coatings.
3rd Department, Toyota RD Labs. Inc.
u. **S. Suzuki, K. Tachi, C. Okuda,**
Proceedings of the 14. International Conference in Organic Coatings Science and Technology, Athen (1988), 361

13. **W. Dreybrodt u. H.-J. Neunzig,**
Verfahren u. Vorrichtung zur automatischen u. berührungslosen Qualitätsbewertung optisch reflektierender Oberflächen
Patent-Offenlegungsschrift DE 29 46 493 A 1 vom 17.11.79

14. **Wolf D. Keidel,**
Sinnesphysiologie Teil I, Allgemeine Sinnesphysiologie,
Visuelles System, 2. Auflage, Springer 1976

15. **Axel Korn,**
Bildverarbeitung durch das visuelle System,
Springer 1982

16. **Hermann Slevogt,**
Technische Optik
Sammlung Göschen, de Gruyter 1974

17. **Manfred Richter,**
Einführung in die Farbmetrik,
2. Auflage, de Gruyter 1981

18. **Christoph von Campenhausen,**
Die Sinne des Menschen, Bd. 1:
Einführung in die Psychophysik der Wahrnehmung
Bd. 2: Anleitungen zu Beobachtungen u. Experimenten,
Thieme 1981

19. **Deutsche Normen, DIN 5031, Blatt 3**
Strahlungsphysik im optischen Bereich u. Lichttechnik.
Größen, Formelzeichen u. Einheiten der Lichttechnik

20. **s. Keidel [14], S. 27**

21. **F.W. Campbell, L. Maffei,**
Contrast and Spatial Frequency,
Scientific-American, Nov. 1974

22. **S. Lohmeyer,**
Glanzmeßgeräte (Teil II)
Metalloberfläche 31 (1977)

23. **U. Zorll,**
Untersuchungen zur Glanzmessung an Anstrichschichten
mit dem Goniophotometer
Deutsche Farbenzeitschrift, 17, Jan. 1963

24. **Osram,**
Verteilung des spektralen Strahlungsflusses von
Glühlampen,
Firmenschrift

25. **Elson u. Bennett,**
Relation between the angular dependence of scattering
and the statistical properties of optical surfaces
J. Opt. Soc. Am. 69, No. 1, 1/79

26. **H.E. Bennett and J.O. Porteus,**
Relation between Surface Roughness and Specular
Reflectance at Normal Incidence
Journal of the Optical Society of America Vol. 51,
Nr. 2, Febr. 1961, 123-129

27. **L.A. Simpson,**
Factors controlling gloss of paint films,
Progress in Organic Coatings 6 (1978), 1-30

28. **K. Armbruster,**
Meßtechnische Charakterisierung von Oberflächenstrukturen.
Interne Firmenschrift Fa. Herberts, Wuppertal
Zentrales Prüfwesen, 1987

29. **E. Hartmann,**
Beleuchtung u. Sehen am Arbeitsplatz
Goldmann Verlag München 1970

30. **Rodenstock-Nyktometer,**
Das neue Dämmerungs-Sehprüfgerät
Rodenstock Instrumente GmbH
Drachenseestr. 12, 8 München 70

Lebenslauf

Persönliches:		Horst Schene
	geboren am:	10. Juli 1924 in Wuppertal-Elberfeld
	Eltern:	Wilhelm Schene, Kaufmann und Charlotte Schene, geb. Meister
	Familienstand:	verheiratet mit Rita Schene, geb. Wengler, 3 Kinder
Schulbildung:	1931	Einschulung Volksschule Wuppertal-Elberfeld
	1931 - 1934	Volksschule Sindelfingen
	1934 - 1942	Goldberg-Gymnasium Böblingen Abitur: 20.03.1942
Arbeitsdienst und Wehrdienst:	09.04.1942 bis April 1945	
Studium	SS 1944	Chemie, Universität Bonn (während eines Lazarett-aufenthaltes)
	WS 1945/46 bis WS 1950/51	Physik, Universität Tübingen Diplomprüfung 27. April 1951
Berufliche Tätigkeit:	23.08.48	Eintritt in die Daimler-Benz AG Werk Sindelfingen als Hilfsarbeiter
	01.09.51	Übernahme in das Angestellten-verhältnis
	Heute	Abteilungsdirektor und Leiter der Hauptabteilung Verfahrens-entwicklung-Prozeßtechnik

GPSR Compliance

The European Union's (EU) General Product Safety Regulation (GPSR) is a set of rules that requires consumer products to be safe and our obligations to ensure this.

If you have any concerns about our products, you can contact us on ProductSafety@springernature.com

In case Publisher is established outside the EU, the EU authorized representative is:

Springer Nature Customer Service Center GmbH
Europaplatz 3
69115 Heidelberg, Germany

Batch number: 10682421

Printed by Printforce, the Netherlands